아르키메데스가 들려주는
무게중심과 회전체 이야기

홍갑주 지음

NEW
수학자가 들려주는
수학 이야기
30

아르키메데스가 들려주는 무게중심과 회전체 이야기

주|자음과모음

수학자라는 거인의 어깨 위에서
보다 멀리, 보다 넓게 바라보는
수학의 세계!

　수학 교과서는 대개 '결과'로서의 수학을 연역적으로 제시하는 경향이 강하기 때문에 학생들은 수학이 끊임없이 진화해 왔다고 생각하기 어렵습니다. 그렇지만 수학의 역사는 하나의 문제가 등장하고 그에 대해 많은 수학자가 고심하고 이를 해결하는 가운데 새로운 아이디어가 출현해 온 역동적인 과정입니다.

　〈NEW 수학자가 들려주는 수학 이야기〉는 수학 주제들의 발생 과정을 수학자들의 목소리를 통해 친근하게 이야기 형식으로 들려주기 때문에 학생들이 수학을 '과거 완료형'이 아닌 '현재 진행형'으로 인식하는 데 도움이 될 것입니다.

　학생들이 수학을 어려워하는 요인 중의 하나는 '추상성'이 강한 수학적 사고의 특성과 '구체성'을 선호하는 학생의 사고 사이에 존재하는 간극이며, 이런 간극을 줄이기 위해서 수학의 추상성을 희석시키고 수학 개념과 원리의 설명에 구체성을 부여하는 것이 필요합니다.

　〈NEW 수학자가 들려주는 수학 이야기〉는 수학 교과서의 내용을 생동감 있게 재구성함으로써 추상적인 수학을 구체성을 갖는 수학으로 변모시키고 있습니다. 또한 중간중간에 곁들여진 수학자들의 에피소드는 자칫 무료해지기 쉬운 수학 공부에 윤활유 역할을 해 줄 것입니다.

〈NEW 수학자가 들려주는 수학 이야기〉의 구성을 보면 우선 수학자의 업적을 개략적으로 소개하고, 6~9개의 강의를 통해 수학 내적 세계와 외적 세계, 교실 안과 밖을 넘나들며 수학 개념과 원리를 소개한 후 마지막으로 강의에서 다룬 내용을 정리합니다.

이런 책의 흐름을 따라 읽다 보면 각각의 도서가 다루고 있는 주제에 대한 전체적이고 통합적인 이해가 가능하도록 구성되어 있습니다. 〈NEW 수학자가 들려주는 수학 이야기〉는 학교 수학 교과 과정과 긴밀하게 맞물려 있으며, 전체 시리즈를 통해 학교 수학의 많은 내용들을 다룹니다. 따라서 〈NEW 수학자가 들려주는 수학 이야기〉를 학교 수학 공부와 병행하면서 읽는다면 교과서 내용의 소화 흡수를 도울 수 있는 효소 역할을 할 것입니다.

뉴턴이 'On the shoulders of giants'라는 표현을 썼던 것처럼, 수학자라는 거인의 어깨 위에서는 보다 멀리, 넓게 바라볼 수 있습니다. 학생들이 〈NEW 수학자가 들려주는 수학 이야기〉를 읽으면서 각 수학자의 어깨 위에서 보다 수월하게 수학의 세계를 내다보는 기회를 갖기를 바랍니다.

홍익대학교 수학교육과 교수 | 《수학 콘서트》 저자 박경미

세상의 진리를 수학으로 꿰뚫어 보는 맛
그 맛을 경험시켜 주는
'무게중심과 회전체' 이야기

이 책에서 선생님이 되어 줄 분은 아르키메데스입니다. 여러분이 알고 있듯이 아르키메데스는 고대 그리스의 수학자입니다. 지레의 법칙을 발견했고, 부력의 원리를 발견했으며그 기쁨에, 벌거벗고 "유레카!"라 외치며 목욕탕에서 뛰쳐나왔으며 원주율의 값, 구의 부피와 겉넓이를 최초로 정확히 계산해 낸 바로 그 사람이지요.

아르키메데스가 연구한 많은 내용은 지금 여러분이 학교에서 배우는 주제기도 합니다. 아르키메데스는 지금으로부터 무려 2200여 년 전 사람이지만, 그 내용들을 정말로 멋진 방법으로 다루었습니다. 가장 창의적이면서도 가장 엄밀한 방법으로 말이지요. 더욱이 그는 이 문제들을 해결하면서 여러분이 고등학교 혹은 대학에서 배우게 되는 수학의 많은 개념을 창조해 냈답니다. 이런 점에서 아르키메데스는 여러분의 수학 선생님으로 매우 적합한 분인 것 같습니다. 그의 강의를 들으면서, 여러분은 도형의 무게중심, 회전체의 겉넓이와 부피 등 중학교에서 배우는 기하학적 지식의 많은 것을 새로운 시각으로 이해할 수 있을 것이며, 이후의 수학에서 등장하게 될 몇 가지 개념과 자연스럽게 친숙하게 될 것입니다.

그의 연구에 대해 많이 알려지게 된 이 시대에 살고 있는 것이 여러분과 저에게 매우 큰 행운이라 생각합니다. 또한 그를 이 수업의 선생님으로 초빙하게 된 것은 저에게 큰 영광입니다. 아르키메데스의 수업과 함께 즐거운 시간을 갖기 바랍니다.

홍갑주

차례

《아르키메데스가 들려주는 무게중심과 회전체 이야기》는 물체의 무게 중심에 대해 우리가 잘못 알고 있는 것이 무엇인지에 대한 이야기에서 출발하여, 다각형을 비롯한 여러 도형들의 무게중심을 찾는 방법을 알아봅니다. 또한 무게중심에 대한 결과와 연관시켜, 원뿔과 구球 등의 회전체의 부피와 겉넓이를 구할 것입니다.

실제로, 수학의 역사를 통틀어 가장 위대한 수학자 중 한 명으로 손꼽히는 고대 그리스의 수학자 아르키메데스는 바로 이 책의 주제인 무게중심, 구의 부피와 겉넓이, 그리고 원주율과 원의 넓이 등을 수학적으로 완전하게 연구한 최초의 인물로 평가받습니다. 이 책에서는 아르키메데스가 알아낸 흥미로운 연구 결과를, 그가 연구한 바로 그 과정을 따라 살펴볼 것입니다.

2 이런 점이 좋아요

① 삼각형의 무게중심은 중학교 도형과 측정 단원의 중요한 주제 중 하나입니다. 무게중심은 일상생활의 경험을 통해 우리에게 익숙한 개념이지만 정작 무게중심에 대해 체계적으로 생각해 본 사람은 거의 없을 것입니다. 하지만 이제부터 우리가 다루고자 하는 무게중심이야말로 물리적 개념에 대한 수학적 연구가 어떻게 가능한지 그 방법을 보여 주는 가장 간단하면서도 흥미로운 예라고 할 수 있습니다. 또한 무게중심을 탐구하는 과정에서 우리는 수학에서의 반례의 의미와 역할을 이해하고, 증명의 여러 기법에 관해 익숙해질 수 있을 것입니다.

② 중학교에서 입체도형의 부피와 겉넓이의 측정은 물통 속에 입체도형을 담그거나 입체도형의 표면 위에 찰흙 띠를 감는 등의 실험적인 방법으로 이루어집니다. 이 책에서는 이러한 실험적인 방법을 보완하는 입장에서, 가능한 부피와 겉넓이를 구하는 수학적 추론 방법을 알려 주려고 노력했습니다. 이를 통해, 막연하게 외웠던 입체도형의 부피와 겉넓이 공식이 어떤 의미를 가지는지 알 수 있습니다.

❸ 이 책의 내용은 중학교 수학 내용에 바탕을 두고 있으면서도 정적분, 수열의 점화식 등 고등학교의 교육 내용과 자연스럽게 연계가 되어 있습니다. 또한 이 책은 위대한 수학자 아르키메데스의 연구 내용 일부를 접할 수 있는 기회이기도 합니다. 아르키메데스의 수학 연구를 통해 수학과 수학의 역사에 대한 전반적인 이해를 높일 수 있을 것이며, 그를 수학 연구로 이끌었던 아름다움에 대해서도 느껴 볼 수 있을 것입니다.

3 교과 연계표

학년	단원(영역)	관련된 수업 주제 (관련된 교과 내용 또는 소단원명)
중 1~2 비교과	도형과 측정	입체도형의 성질, 삼각형과 사각형의 성질, 도형의 닮음

4 수업 소개

1교시 지레의 법칙

지레의 법칙이 무엇인지 알아보고 수학적인 증명 방법을 알아봅니다.

- **선행 학습** : 비례식 $A:B=b:a$의 뜻, 그리고 $A:B=b:a$이면 $Aa=Bb$인 이유를 알아야 합니다. 유리수와 무리수의 뜻을 알고 있으면 좋습니다.

- 학습 방법 : 지레의 양쪽에 물체를 올려서 평형을 이룰 조건을 찾아 보고, 이를 수학적으로 증명합니다.

2교시 삼각형의 무게중심

- 선행 학습 : 여러 물체를 손가락 끝에 올려 평형을 잡아 본 경험이 있으면 좋습니다.
- 학습 방법 : 수학에서 삼각형의 무게중심에 관한 정의를 살펴본 후, 그 위치에서 실제의 삼각형 판이 평형을 갖는 이유에 대해 생각해 봅니다. 그리고 삼각형 무게중심 위치에 대한 아르키메데스의 증명을 살펴봅니다.

3교시 일반적인 다각형의 무게중심

- 선행 학습 : 다각형을 삼각형으로 분할해 봅니다. 작도의 의미에 대해 알고 있으면 좀 더 의미 있는 공부가 될 수 있습니다.
- 학습 방법 : 지레의 양쪽에 물체를 올려서 평형을 이룰 조건을 찾고, 이를 수학적으로 증명합니다.

4교시 사다리꼴의 무게중심 공식

- 선행 학습 : 사다리꼴의 정의를 알아야 합니다. 평행선들이 두 직선을 가로지를 때 평행선들 사이에 갇히는 선분들의 길이비에 대해 알

고 있으면 좋습니다.

- 학습 방법 : 사다리꼴의 무게중심 위치를 정확한 공식으로 나타냅니다.

5교시 회전체란?

- 선행 학습 : 각기둥의 부피와 겉넓이 공식에 대해 이해하고 있어야 합니다.
- 학습 방법 : 회전체의 뜻을 알아보고, 비교적 단순한 회전체인 원기둥에 대해 그 부피와 겉넓이를 구해 봅니다. 특히, 부피에 대해서 앞으로 여러 도형에 대해 응용할 수 있는 일반적인 원리를 도입합니다.

6교시 원뿔의 겉넓이와 부피

- 선행 학습 : 원뿔의 전개도를 알고 있으면 좋습니다. 밑변의 길이와 높이가 각각 서로 일치하는 두 삼각형의 넓이가 같음을 알고, 그 이유를 이해하고 있으면 좋습니다.
- 학습 방법 : 지난 시간에 배운 원리를 바탕으로 삼각뿔의 부피를 구한 후, 다시 이 원리를 적용하여 원뿔의 부피를 구합니다.

7교시 구의 부피

- 선행 학습 : 구의 정의를 알아야 합니다. 중학교 수학에 제시되는 바

와 같은, 구를 물통에 넣어 넘치는 물의 양을 측정하거나, 고무공을 잘라서 펼쳐 놓는 등의 물리적인 실험을 통한 부피와 겉넓이의 측정 경험이 있으면 좋습니다.

• 학습 방법 : 지레의 법칙을 이용하여 부피를 구하는 원리를 알아본 후, 구의 부피에 적용합니다.

8교시 구의 겉넓이

• 선행 학습 : 초등학교에서 배우는 원의 넓이 공식과 그 공식을 얻는 직관적인 방법을 알고 있으면 좋습니다.

• 학습 방법 : 원의 넓이와 둘레 사이의 관계에 대한 관찰로부터 원의 부피와 겉넓이 사이의 관계에 대한 착상을 얻고, 이를 통해 구의 부피로부터 구의 겉넓이를 구합니다.

아르키메데스를 소개합니다

Archimedes(B.C.287?~B.C.212)

　히에론 왕의 왕관에 사용된 금의 양을 측정하는 과정에서 아르키메데스는 부력을 발견하게 되었습니다. 이 사건의 발단은 왕이 준 금을 모조리 왕관을 만드는 데 사용하지 않은 세공사에 대한 '의심'에서 출발했습니다. 의심은 좋은 것도 나쁜 것도 아닙니다.

　아르키메데스의 경우에서 알 수 있듯, 우리가 어떤 식으로 의심하는가에 따라 그것은 좋은 것도 나쁜 것도 될 수 있습니다. 원주율, 지레 원리, 나선식 펌프, 수력천상의, 투석기 등 근대 수학·과학에 일조한 아르키메데스의 수많은 업적 역시 조그만 의심에서 출발했습니다.

여러분, 나는 아르키메데스입니다

    나의 수업에 참석한 여러분을 환영합니다. 나는 수학자 아르키메데스입니다. 지레의 원리와 부력의 원리를 발견한 것으로, 그리고 원의 넓이, 원주율, 구의 부피와 겉넓이를 최초로 정확히 계산한 것으로 알려진 바로 그 사람이지요. 왕관이 순금으로 만들어졌는지 불순물이 포함되어 있는지 밝혀낼 원리를 발견하고는 "유레카!" 하고 외치며 벌거벗은 채로 목욕탕을 뛰쳐나갔다는 이야기, 그리고 로마 병사에게 "내 원을 밟지 마라!"라고 외쳤다가 살해당한 이야기는 여러분도 들어 보았을 것입니다.

    나는 기원전 287년경 시칠리아섬의 그리스 도시인 시라쿠사에서 태어났습니다. 시칠리아섬은 지금의 이탈리아 남서쪽 해안에 있는데, 장화 모양의 이탈리아가 걷어차는 세모난 돌멩이 모양의 섬이지요. 나는 젊은 시절 이집트의 알렉산드리아에서 유학했고, 이후 다시 시라쿠사로 돌아와 평생토록 수학 연구와 각종 발명에 매진하였습니다. 당시 알렉산드리아는 학문의 중심지였으며, 나의 선배 수학자였던 유클리드(B.C.330?~B.C.275?)가 활동한 곳이기도 합니다.

지중해 지도

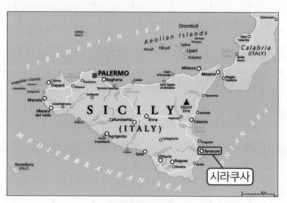

시칠리아섬 지도

　나의 죽음에 대해서도 잠깐 이야기해야겠군요. 내가 살았던 당시 지중해 최고 강대국은 로마와 카르타고였습니다. 이 두 나라는 내가 사는 동안 두 차례에 걸쳐 큰 전쟁을 벌였는데, 이 전쟁을 각각 제1차, 제2차 포에니 전쟁이라 하지요. 두 번째 전쟁 당시 우리 시라쿠사는 로마의 구속에서 벗어나기 위해 카르타고 편을 들었습니다. 전쟁 초반, 카르타고의 유명한 장군 한니발이 승승장구하여 로마의 코앞까지 진격했다는 소식을 듣고서 말이지요. 그러나 얼마 있지 않아서 로마군은 전세를 역전시켰고, 엄청난 규모의 함대를 몰고 와서 시라쿠사를 포위했지요. 나는 조국을 방어하기 위해 갈고리 달린 기중기, 투석기 등의 무기를 개발했고, 시라쿠사는 이 무기들 덕에 로마의 거센 공격으로부터 3년간이나 버텼습니다. 그러나 기원전 212년에 이르러 시라쿠사는 결국 로마에 점령당했고, 나도 그때 죽임을 당하고 말았습니다.

나는 로마군이 시라쿠사성을 함락시킨 것도 모른 채 수학 연구에 몰두하고 있었답니다. 그때, 누군가 다가와 땅바닥에 그려 놓은 원을 발로 밟기에 "나의 원을 밟지 마시오!"라고 외쳤지요. 그 소리를 듣고 기분이 나빠진 로마 병사가 나를 창으로 찔러 버렸던 것입니다.

아르키메데스가 개발한 무기들

갈고리가 달린 기중기

투석기

　나는 정말 오래전무려 2,200여 년 전 사람이지만, 후배 수학자들은 고맙게도 나를 역사상 최고의 수학자 중 한 사람으로 뽑아 주었습니다. 그건 다름 아닌 내가 사용한 창의적이면서도 엄밀한 수학적 방법 덕택이지요. 물리학 연구도 했고, 때로는 조국을 지키기 위한 무기도 발명하곤 했지만, 나 스스로는 무엇보다 내가 수학자라는 사실에 자부심을 느끼고 있습니다.

안녕하세요. 저는 수학자 아르키메데스입니다.

저하면 떠오르는 말이 없나요?

맞습니다. 유레카!!

아르키메데스 자네는 훌륭한 수학자이니 내 왕관이 순금인지 아닌지 알 수 있을 것이다.

아무래도 의심스럽단 말야.

수학으로 어떻게 왕관이 순금인지 아닌지 알 수 있지?

목욕이나 하자.

!

유레카 유레카

아르키메데스가 미쳤군…

저는 기원전 287년 시칠리아섬의 그리스 도시인 시라쿠사에서 태어났습니다.

좀 민망하군

흑해

시칠리아

알렉산드리아

지중해

아프리카

젊은 시절엔 큰 도시인 알렉산드리아로 유학을 떠나 학문을 닦았습니다.

저는 시라쿠사로 돌아와 수학자로서 지레의 법칙, 부력의 원리 등을 발견하고 원주율의 값, 구의 부피와 겉넓이를 최초로 정확히 계산해 냈답니다.

π

하지만 저는 로마와 카르타고 사이에 벌어진 2차 포에니 전쟁 때 로마 병사에 의해 목숨을 잃고 말았습니다.

수학 풀고 있는데 저리 비켜!!

뭐?

에잇

으아.

내가 연구한 주제 중 특히 도형의 무게중심, 원주율, 원의 넓이, 구의 부피와 겉넓이 등은 지금 여러분의 교과서에서도 중요하게 다루어지고 있는 줄로 압니다. 이 주제들에 대해 내가 알게 된 것과 어떻게 알게 되었는지, 그 방법을 앞으로 여러분에게 알려 드리겠습니다.

　나의 강의를 들으면서, 여러분이 도형의 무게중심, 회전체의 겉넓이와 부피 등 중학교에서 배우는 기하학적 지식의 많은 것을 새로운 시각으로 이해함과 동시에, 중고등학교 그리고 대학에서 배우게 될 몇 가지 개념과 자연스럽게 친숙하게 되기를 기대합니다.

　나와 함께 즐거운 수업을 시작해 봅시다.

지레의 법칙

시소로 배워 보는
재미있는 지레의 법칙

1. 지레의 법칙이 무엇인지 압니다.
2. 지레의 법칙을 수학적으로 증명합니다.
3. 지레의 법칙이라는 물리적 현상에 대한 수학적 증명이 어떻게 가능했는지 이해합니다.

미리 알면 좋아요

1. 양팔저울의 양쪽 팔에 추를 매단 위치와 추의 무게를 바꾸어 가며 저울이 언제 평형이 되는지 관찰합니다.

2. 어떤 명제를 증명하기 위해서는 그 이전에 이미 증명되어 있는 다른 명제가 필요합니다. 또한 이 명제를 증명하기 위해서는 그 이전에 이미 증명되어 있는 또 다른 명제가 필요합니다. 그러나 이렇게 한없이 계속 거슬러 올라갈 수는 없으므로 어느 단계에선가는 몇 개의 명제를 증명 없이 그냥 참으로 받아들여야 할 필요가 있습니다. 증명 없이 받아들임으로써 이후의 증명을 가능하게 하는 명제를 수학에서 공리公理, axiom라고 부릅니다. 공리적 방법을 처음으로 체계화하여 수학책을 저술한 인물이 바로 나의 선배 수학자 유클리드입니다. 유클리드는 자신의 책《기하학 원론》1권에서 다음의 다섯 가지 명제를 공리로 삼고 평면기하학의 수많은 명제를 증명했습니다.

• 주어진 두 점 A와 B를 잇는 선분이 유일하게 존재한다.
• 주어진 선분은 어느 쪽으로도 끝없이 연장할 수 있다.
• 평면 위의 두 점 A와 B가 주어졌을 때, A를 중심으로 하고 B를 지나는 원이 유일하게 존재한다.

- 모든 직각은 서로 같다.
- 두 직선과 만나는 한 직선이 같은 쪽에서 만든 두 내각의 합이 직각의 두 배보다 작을 때 두 직선을 그쪽으로 연장시키면 만난다.

이 공리로부터 여러분이 잘 아는 여러 명제가 차례로 증명됩니다. 예를 들어, 이등변삼각형의 두 밑각이 같다는 정리는 《기하학 원론》 1권에서 이 공리로부터 증명되는 5번째 명제입니다. 삼각형 세 내각의 합이 평각$180°$과 같다는 명제는 32번째 명제입니다. 피타고라스의 정리, 즉 직각삼각형의 직각을 낀 두 변 위에 그려진 정사각형 두 개의 넓이 합은 빗변 위에 그려진 정사각형의 넓이와 같다는 명제는 47번째 명제이며, 피타고라스 정리의 역은 《기하학 원론》 1권의 마지막으로서 48번째 명제입니다.
이렇게 단지 몇 개밖에 안 되는 공리로부터 출발하여 수많은 명제가 차례로 증명되어 가는 모습은 수학이라는 학문에서 찾아볼 수 있는 아름다움 중 하나입니다.

아르키메데스의
첫 번째 수업

나의 첫 번째 수업 주제는 지레의 법칙입니다. 여러분은 아마 지레가 무엇인지 알고 있을 것입니다. 지레는 무거운 것을 들 때 이용되는 도구이며, 막대와 받침대로 이루어져 있습니다. 지레의 양쪽에 물체를 올려 두면 대부분의 경우는 한쪽으로 기울어지게 되지만, 어떤 때는 평형을 이룹니다. 예를 들어, 양쪽 물체의 무게가 같고 받침점으로부터 같은 거리만큼 떨어져 있다면 지레는 평형을 이룹니다.

그러나 옛날부터 사람들은 두 물체의 무게가 달라도 평형을 이룰 수 있음을 알고 있었습니다. 가벼운 물체를 무거운 물체보다 받침점으로부터 적당히 멀리 두면 되지요. 여러분이 친구와 시소를 탈 때 가벼운 사람이 받침점으로부터 더 먼 쪽에 앉는 이유도 같은 원리입니다. 그렇게 하여 시소가 평형을 이룬다면 두 사람 모두 큰 힘을 들이지 않고 시소를 탈 수 있겠지요.

그런데 이때 가벼운 물체를 정확히 얼마나 멀리 두어야 하는 것일까요? 예를 들어 다음과 같은 상황에서 지레가 평형을 이룬

다는 사실을 알 수 있습니다.단, 지레 팔의 무게는 없는 것으로 가정합니다.

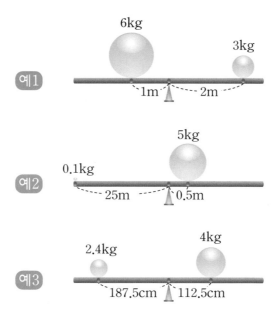

두 물체의 무게를 각각 A, B라고 두고, 받침점에서 두 물체까지의 거리를 각각 a, b라 합니다. 위의 실험 결과를 일반화시켜 식으로 표현하면 다음과 같습니다.

A:B=b:a이면, 즉 Aa=Bb이면 지레가 평형을 이룬다.

이 사실은 두 무게가 아무리 큰 차이가 나더라도 성립합니다. 심지어 생쥐와 코끼리도 지레 위에서 평형을 이룰 수 있습니다. 예를 들어, 무게 3톤=3000kg인 코끼리가 받침점으로부터 1m 거리에, 무게 300g=0.3kg인 생쥐가 받침점으로부터 10000m 거리에 올라서면 지레는 평형을 이룹니다.

적당한 위치를 잡는다면 생쥐와 코끼리도 지레 위에서 평형을 이룰 수 있다.

A:B=b:a이면, 즉 Aa=Bb이면 지레가 평형을 이룬다는 위의 사실은 지금은 지레의 법칙이라고 불리고 있지요. 여러분 중 이 법칙에 대해 들어 본 사람이 꽤 있을 것이라 생각합니다.

― 예, 들어 본 적이 있습니다. 사실, 선생님의 이름을 처음 듣게 된 것도 지레의 법칙을 통해서입니다.

하하, 그렇군요. 그러나 아쉽게도 지레의 법칙에 대한 정말 중요한 사실은 세상에 잘 알려져 있지 않더군요. 나는 단순히 지레의 법칙을 발견만 한 것이 아니라, 지레의 법칙을 수학적으로 '증명'했습니다. 바로 이것이 이 시간에 내가 지레의 법칙을 다루고 있는 이유입니다.

학생들은 아르키메데스가 지레의 법칙을 증명했다는 말에 놀라서 웅성거리기 시작했다. 지레의 법칙이란 실험에 의해 발견된 하나의 물리적인 법칙으로만 알고 있었기 때문이다.

몇 번의 실험만으로 언제나 이 법칙이 성립한다고 보장할 수는 없습니다. 열 번 성립하더라도 열한 번째 실험에서는 결과가 달라질 수도 있지요. 또한 왜 하필이면 정확히 $A:B=b:a$일 때 지레가 평형을 이루는 것일까요? 실험은 그 이유까지 설명해 주지는 않습니다. 더욱이 추의 무게나 지레 팔의 길이를 완전히 정확하게 잴 수는 없습니다. 실험에는 언제나 오차가 있기 마련이지요. 그래서 나는 실험만으로 만족할 수가 없었습니다.

나는 좀 더 단순하며 완전히 믿을 수 있는 사실을 찾아 그로부터 지레의 법칙을 이끌어 내기로 했습니다. 함께 생각해 봅시다. 지레의 평형과 관련하여 우리가 완전히 믿을 수 있는 사실에는 무엇이 있을까요?

— 앞에서 말씀하셨듯이, 양쪽이 똑같은 경우, 그러니까 두 물체의 무게가 같고 받침점으로부터 같은 거리에 있으면 평형을 이룹니다.

그렇습니다. 완전히 대칭적인 경우이니 평형을 이룰 것입니다. 반면에 두 물체의 무게가 같은데 받침점으로부터의 거리가 다르다면 거리가 먼 물체 쪽으로 기울겠지요.

같은 무게는 받침점으로부터 같은 거리에서 평형을 이룬다.(공리 1-1)

같은 무게가 받침점으로부터 다른 거리에 놓이면 거리가 먼 물체 쪽으로 기운다.
(공리 1-2)

그러면 두 물체가 평형을 이루고 있는 상태에서 한쪽에 무게
가 더해지면 어떻게 되겠습니까?

― 무게가 더해진 쪽으로 기울 것입니다.

두 물체가 평형을 이루고 있을 때 한쪽에 무게가 더해지면 그쪽으로 기운다.(공리 2)

맞습니다. 또한 두 물체가 평형을 이루고 있는 상태에서 한
에 무게가 덜어지면 어떻게 되겠습니까?

― 무게가 덜어지지 않은 쪽으로 기울 것입니다.

두 물체가 평형을 이루고 있을 때 한쪽에 무게가 덜어지면 반대쪽으로 기운다.(공리 3)

그렇습니다. 이 사실은 아주 투박한 실험을 통해서도 확인할 수 있는 사실이어서 완전히 믿을 수 있습니다. 일반적으로 수학에서 증명의 전제로서 더 이상 증명 없이 받아들이기로 하는 명제를 공리라고 부릅니다. 저는 이 세 가지 사실을 공리로 삼고 순수한 논리 전개를 통해 지레의 법칙을 수학적으로 증명할 수 있었습니다. 그러면 지레의 법칙도 공리들만큼이나 완전히 믿을 수 있게 되겠지요.

지레의 법칙에 이르기 위해서는, 사실 이 공리들로부터 출발하여 몇 단계의 증명을 차례로 거쳐야 하지만 이 수업에서는 그 중간 단계들은 직관적으로 받아들이기로 하고 곧바로 지레의 법칙의 증명을 요약하도록 하겠습니다.중간 단계의 엄밀한 증명은 부록에 있습니다. 다음 그림과 같이 점 P에 무게가 3인 추가, 점 Q에 무게가 2인 추가 놓인 경우를 예로 들어 증명하기로 하지요.

평형을 이루게 하는 받침점의 위치를 G라고 합시다. P에 놓인 추와 Q에 놓인 추를 공통의 단위로, 예를 들어 0.5g짜리 추로 쪼갠다고 생각합니다. 이제 열 개의 추 전체를 일정한 간격으로 다시 나열하되, P에 놓인 추를 쪼개어 만든 여섯 개의 추의 무게중심이 P에, Q에 놓인 추를 쪼개어 만든 네 개의 추의 무게중심이 Q에 그대로 놓이게 합시다. 그러면 열 개의 추 전체의 무게중심의 위치는 그대로 G일 것입니다. 그런데 G는 열 개의 추 중 다섯 번째와 여섯 번째 추의 가운데에 위치하므로 P에서 G까지는 2칸, Q에서 G까지는 3칸의 거리입니다. 즉, G에서 P까지의 거리 대 G에서 Q까지의 거리의 비는 2:3입니다. 이것은 특별한 하나의 경우에 대한 증명입니다만, 일반적인 두 무게에 대한 증명으로 쉽게 일반화될 수 있습니다. 즉, 지레의 법칙이 증명된 것입니다.

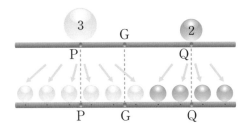

마지막으로, 예리한 학생이라면 이 증명은 사실 두 무게가 공통의 단위로 쪼개질 수 있을 때, 즉 두 무게의 비율이 유리수일 때에 한정된 것임을 알아챘을 것입니다. $1:\sqrt{2}$ 혹은 $\sqrt{3}:\sqrt{5}$와 같이 공통의 단위가 없는즉, 무리수 비율의 두 무게에 대해서까지 이 증명을 확장하기 위해서는 여러분이 고등학교 이후에 배우는 이른바 '극한'의 개념이 필요합니다. 여기서는 그 증명은 생략하겠지만 이러한 사실만은 알아 두기 바랍니다.

❶ 지레의 법칙이란 두 물체의 무게가 각각 A, B이고, 받침점에서 두 물체까지의 거리를 각각 a, b라 할 때, A:B=b:a이면, 즉 Aa=Bb이면 지레가 평형을 이룬다는 것입니다.

❷ 지레의 평형에 대한 가장 기초적인 몇 가지 사실을 공리로 받아들임으로써 수학적인 논리 전개를 통해 지레의 법칙을 증명할 수 있었습니다. 지레의 법칙에 대한 아르키메데스의 연구는 물리적인 현상에 대한 수학적 연구가 어떻게 가능한지를 보여 주는 역사상 최초의 예입니다.

삼각형의
무게중심

삼각형의 무게중심과 이를 이용한 예를
실생활에서 찾아 봅시다.

1. 물체의 무게중심이 무엇인지 압니다.
2. 삼각형의 무게중심 위치에 대해 올바르게 설명합니다.

미리 알면 좋아요

1. 두꺼운 종이를 삼각형, 사각형, 혹은 다른 여러 도형 모양으로 오려 낸 다음, 그 도형을 손가락 끝에 올려 평형을 이루도록 해 보세요. 이때 손가락 끝 위치를 그 도형의 무게중심이라 합니다.

2. 두 가지 대립되는 사실에 동시에 참이라는 결론이 얻어졌을 때 수학자들은 "'모순'이 발생되었다."라고 말합니다. 어떤 명제가 틀렸다고 가정하면 모순이 발생됨을 보임으로써 그 명제가 참임을 증명하는 방법을 귀류법이라고 합니다.

아르키메데스의
두 번째 수업

　오늘은 도형의 무게중심, 그중에서도 특히 삼각형의 무게중심에 대해 알아볼 것입니다. 얇은 판으로 만든 도형을 적당한 위치에서 뾰족한 받침대로 받치면 그 위에서 평형을 이루게 됩니다. 바로 이 점을 그 도형의 무게중심이라 하지요. 아마 여러분은 책받침이나 공책을 손가락 끝에 받쳐서 평형을 잡아 본 적이 있을 것입니다. 이번 시간에는 그때의 기억을 되살리면서 수업을 시작하도록 하겠습니다.

도형의 무게중심에 대한 지
식은 비행기와 배, 그리고 건
축물을 설계할 때 필수적입니
다. 비행기나 배는 평형 상태에
서 많이 벗어나면 침몰하거나 추
락하게 되고, 건축물은 무게를 여러
기둥에 적절히 분산시키지 못하면 한쪽

이 약해져서 결국은 무너지게 될 것이니까요.

　우선, 삼각형에 대한 몇 가지 용어를 살펴봅시다. 삼각형의 한 꼭짓점과 그 마주 보는 변의 중점을 연결한 선분을 중선이라고 합니다. 하나의 삼각형에는 중선이 세 개 있습니다. 이 세 중선은 한 점에서 만난다는 것이 증명되어 있습니다. 바로 이 교점을 삼각형의 무게중심이라 부릅니다.

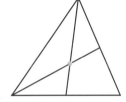
두 개의 중선을 그리면 교점이 생긴다.

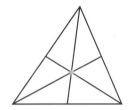
세 번째 중선을 그리면 반드시 그 교점을 지난다.

　두 중선이 한 점에서 만난다는 것은 당연하지만, 어떤 세 직선이 한 점에서 만난다는 것은 당연한 일이 아니지요. 바로 이러한 이유에서, 삼각형의 무게중심은 물론, 여러분이 《오일러가 들려주는 삼각형의 오심 이야기》에서 자세히 배우게 되는 삼각형의 내심, 즉 세 각의 이등분선의 교점과 외심, 곧 세 변의 수직이등분선의 교점 역시 흥미로운 것입니다.

다시 본론으로 돌아옵시다. 삼각형의 무게중심은 이 세 중선 각각의 길이를 꼭짓점으로부터 정확히 2:1로 내분한다는 사실이 증명되어 있습니다.

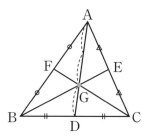

$$\overline{AG}:\overline{GD}=\overline{BG}:\overline{GE}=\overline{CG}:\overline{GF}=2:1$$

예컨대, 위 그림에서 선분 BG의 길이가 6이라면 GE의 길이는 3이 됩니다.

삼각형 모양의 얇은 판을 만들어 실험해 보면 실제로 세 중선의 교점을 받침점으로 할 때 그 판이 평형을 이룬다는 사실을 알 수 있습니다. 이것이 그 교점에 삼각형의 무게중심이라는 이름이 붙여진 이유입니다. 즉, 수학적으로 정의된 삼각형의 무게중심은 실제로도 삼각형 판의 평형을 찾아 줍니다.

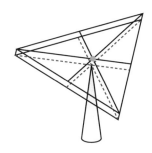

　이제 이 교점이 왜 실제로 삼각형의 평형을 찾아 주는지 생각해 봅시다. 그 이유를 설명할 수 있겠습니까?

　─세 중선이 넓이를 이등분하기 때문에 그럴 것 같습니다. 넓이는 무게, 곧 누르는 힘과 비례할 것이니까요.

　아, 좋은 생각입니다. 학생의 이름은 무엇입니까?

　─제 이름은 박철민입니다.

　자, 이제부터 세 중선의 교점에서 삼각형이 평형을 이루는 이유는 세 중선이 넓이를 이등분하기 때문이라는 이론을 '철민 이론'이라고 부릅시다!

학생들은 웃음을 터뜨렸다. 박철민 학생은 멋쩍은 표정을 지었지만, 속으로는 '철민 이론'이 정확하다고 자신하고 있었다.

자, 여러분은 철민 이론에 대해 어떻게 생각하나요?

대부분의 학생은 철민 이론이 옳다고 생각했다. 무언가 이상하다고 생각하는 학생들도 있었지만 왜 이상한지를 정확히 설명하지는 못하였다.

사실, 많은 사람이 철민 학생과 같은 대답을 합니다. 하지만 철민 이론은 틀렸습니다. 세 중선이 삼각형의 넓이, 즉 무게를 이등분한다는 것은 옳은 이야기이지만 그것이 세 중선의 교점이 삼각형의 평형을 찾아 주는 이유는 아닙니다. 이것은 다음과 같이 생각해 보면 알 수 있습니다. 삼각형의 무게중심을 G라고 합시다. 단지 하나의 점, G만으로도 삼각형은 평형을 이루므로, G를 지나는 임의의 직선 위에서 삼각형은 평형을 이룰 것입니다. 그 직선 중 특히 삼각형의 한 변에 평행한 직선 l을 생각해 보도록 합시다.

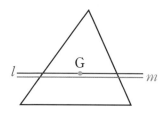

l에 의해 만들어진 위쪽의 작은 삼각형과 전체 삼각형의 닮음비는 $2:3$이므로, 그 넓이의 비는 $2^2:3^2$, 즉 $4:9$입니다.

따라서 l은 전체 삼각형의 넓이를 4:5로 나누고 있습니다. 이제 l과 평행하며 삼각형의 넓이를 이등분하는 직선을 m이라 하면, m은 l보다 좀 더 아래쪽에 있어야 하므로 G를 지날 수 없습니다. 즉, 어떤 직선이 삼각형의 무게중심을 지난다고 해서 그 넓이를 이등분하는 것은 아니며, 삼각형의 넓이를 이등분한다고 해서 반드시 그 무게중심을 지나는 것도 아니라는 것이지요.

"아, 그렇구나!" 하고, 학생들은 고개를 끄덕였다. 철민이는 약간 쑥스러웠지만 새로운 것을 알게 되어 기뻤다.

그러면 세 중선의 교점이 삼각형의 무게중심이 되는 진짜 이유는 무엇일까요? 그것은 그 교점을 지나는 모든 직선에 대해, 그 양쪽이 직선을 축으로 삼각형을 아래로 회전시키려는 힘이 일치하기 때문입니다. 지난 수업에 소개한 지레의 법칙은 같은 무게라도 받침점에서 멀리 떨어져 있을수록 그 거리에 비례하는 더 큰 힘으로 지레를 회전시키려 한다는 사실을 보여 줍니다. 따라서 삼각형을 한 직선에서 받칠 때 삼각형의 각 부분은 위치에 따라 서로 다른 힘으로 삼각형을 회전시키려고 합니다.

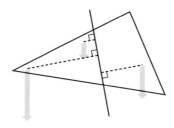

삼각형의 각 부분은 그 삼각형을 받치고 있는 직선부터의 거리에 비례하는
서로 다른 힘으로 삼각형을 아래로 회전시키려 한다.

이 힘을 직선의 한쪽에 대해 모두 합하면 그쪽이 바로 삼각형을 회전시키려는 전체 힘이 되겠지요. 물론 반대쪽에 대해서도 마찬가지입니다. 그런데 세 중선의 교점을 지나는 모든 직선에 대해서는 이 힘이 양쪽에서 일치합니다. 이것이 세 중선의 교점이 실제 삼각형의 평형을 찾아 주는 이유입니다.

실제로 이 힘의 합을 정확히 계산하려면 대학에서 배우는 수준의 미적분학이 필요하므로 지금 이 증명을 다루지는 않겠습니다. 하지만 보다 쉽고 흥미로운 방법이 있습니다. 이 방법에서는 각각의 도형이 가진 기하학적인 성질을 적극적으로 활용합니다. 바로 제가 도형의 무게중심을 연구하기 위해 개발했던 방법이지요. 이제부터 여러분과 이 방법을 통해 삼각형 그리고 더 나아가 다른 여러 도형에 대해 그 무게중심을 찾을 것입니다.

자, 지금 우리는 도형의 무게중심이라는 물리적인 현상을 수학적으로 다루려 하고 있습니다. 따라서 도형의 무게중심에 대한 가장 믿을 수 있는 현상을 찾아서 그것을 공리로 받아들이고, 이를 토대로 증명을 해 나갈 것입니다. 내가 선택한 현상은 다음의 세 가지로, 첫 번째 강의에서 이용한 공리 세 개에 이어, 각각 공리 4, 5, 6이라 부르겠습니다.

공리 4 : 닮은 두 도형에 대해서, 그것들의 무게중심은 닮음에 의해 서로 대응하는 위치에 있다.

공리 5 : 볼록도형에 대해 무게중심은 그 도형 내부에 있다.

공리 6 : 두 도형 전체의 무게중심은 각 도형의 무게중심을 연결한 선분 위에 위치한다.

공리 4의 의미는 곧 다룰 예를 통해 알게 될 것입니다. 하지만 공리 5에서 볼록도형이 무엇인지는 지금 잠깐 설명해야겠군요. 우선 예들을 살펴보지요. 왼편에 있는 것과 같은 도형들을 볼록도형이라 합니다. 반면 오른편에 있는 도형들은 오목도형이라 합니다.

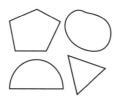

볼록도형의 예 오목도형의 예

이 예들만으로도 여러분은 앞으로 볼록도형과 오목도형을 구별할 수 있을 것입니다. 그러나 수학에서 용어들의 혼란을 없애기 위해서 필히 용어에 대한 정의를 해 두어야 합니다. 볼록도형은 '도형 내부의 임의의 두 점을 연결하여 만든 선분이 항상 그 도형 내부에 있는 도형'으로 정의합니다. 그리고 오목도형은 그렇지 않은 도형으로 정의합니다. 즉, 오목도형은 '도형 내부의 어떤 두 점에 대해서는 그 두 점을 연결한 선분이 도형 내부에 있지 않은 도형'입니다.

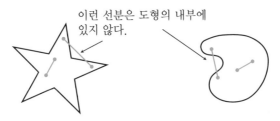

이런 선분은 도형의 내부에 있지 않다.

오목도형의 예 : 오목도형이란 도형 내부의 어떤 두 점에 대해서는 그 둘을 연결한 선분이 도형의 내부에 놓이지 않는 도형이다.

여기서, 공리 5를 볼록도형에 대한 것으로 제한한 이유는 오목도형에 대해서는 그 무게중심이 도형의 밖에 위치할 수도 있기 때문입니다.

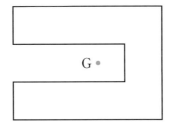

G •

오목도형의 무게중심은 도형의 밖에 있을 수도 있다.

이제 다시 무게중심 이야기로 돌아갑시다. 우선, 평행사변형의 무게중심부터 생각해 봅시다. 아마 여러분은 평행사변형의 무게중심은 대각선의 교점에 있을 것이라 추측할 것입니다. 그 추측은 맞습니다. 실제로 위의 공리들을 이용하여 증명해 봅시다.

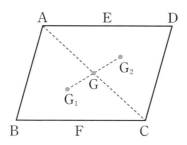

평행사변형 ABCD는 대각선 AC에 의해 합동인 두 개의 삼각형으로 나누어집니다. 삼각형 ABC의 무게중심을 G_1이라 합시다. 공리 5에 의해 G_1은 삼각형 ABC의 내부에 있습니다. 아직 삼각형의 무게중심 위치가 세 중선의 교점에 있다는 것을 증명하지 않았으므로 G_1의 정확한 위치는 모릅니다.

그러나 삼각형 ADC는 삼각형 ABC와 합동이므로 공리 4에 의해 그 무게중심 G_2는 G_1과 합동인 위치에 있다는 사실은 알 수 있습니다. 따라서 선분 AC의 중점을 G라고 할 때 두 선분 GG_1과 GG_2는 길이가 같고 G_1, G, G_2는 일직선상에 있어야 합니다.

한편, 두 삼각형의 넓이는 같으므로 평행사변형 전체의 무게중심은 선분 G_1G_2를 1:1로 내분하는 점에 있습니다. 공리 6과 지레의 법칙에 의해 그렇지요.

따라서 전체의 무게중심은 바로 점 G여야 합니다. G는 두 대각선 AC와 BD의 교점이기도 합니다.

자, 드디어 삼각형의 무게중심이 세 중선의 교점에 있음을 증명할 준비가 되었습니다.

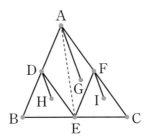

삼각형 ABC의 무게중심 G가 중선 AE 위에 있지 않다고 가정합시다. 변 AB, BC, CA의 중점을 각각 D, E, F로 두면 삼각형 DBE와 FEC는 삼각형 ABC와 닮은 삼각형이고 각 변의 길이는 삼각형 ABC의 절반과 같습니다. 따라서 그 무게중심은 AG와 평행하며 길이가 절반인 선분 DH와 FI를 그어 찾을 수 있는 점 H와 I에 각각 있습니다(공리 4).

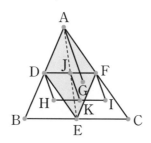

　삼각형 DBE와 FEC의 넓이는 같으므로, 그 전체의 무게중심은 H와 I의 중점인 K에 있습니다(공리 3). 또 평행사변형 ADEF의 무게중심은 앞에서 증명한 바와 같이 두 대각선의 교점인 J에 있습니다. 그러니 삼각형 ABC 전체의 무게중심 G는 J와 K를 연결한 선분 JK 위에 있어야 합니다(공리 3). 그러나 이것은 불가능합니다. 선분 AG와 JK는 서로 일치하지 않으며 평행인 직선이기 때문입니다.왜 그러한지는 여러분이 직접 설명해 보기 바랍니다. 즉, 모순이 발생했고 따라서 삼각형의 무게중심 G가 중선 AE 위에 있지 않다는 가정은 잘못되었습니다. 그러므로 삼각형의 무게중심 G는 중선 AE 위에 있어야 합니다. 다른 두 중선에 대해서도 마찬가지이므로 삼각형의 무게중심은 세 중선의 교점에 위치해야 합니다.

❶ 삼각형 모양 판은 세 중선의 교점 위에서 평형을 이룹니다. 그 이유에 대해 세 중선이 넓이를 이등분하기 때문에 그렇게 된다고 생각을 하기 쉽습니다만, 어떤 직선이 삼각형의 무게중심을 지난다고 해서 그 넓이를 이등분하는 것은 아니며, 삼각형의 넓이를 이등분한다고 해서 반드시 그 무게중심을 지나는 것도 아닙니다.

❷ 세 중선의 교점이 삼각형 판의 평형을 찾아 주는 진짜 이유는, 그 교점을 지나는 모든 직선에 대해 그 양쪽이 직선을 축으로 삼각형을 아래로 회전시키려는 힘이 일치한다는 것입니다.

❸ 삼각형 모양 판의 무게중심 위치가 세 중선의 교점 위에 있다는 사실을 도형의 무게중심에 대한 몇 가지 공리를 바탕으로 증명할 수 있습니다.

일반적인 다각형의 무게중심

지난 시간에는 삼각형의 무게중심을 배웠습니다.
이제 다각형의 무게중심에 대해 배워 봅시다.

수업 목표

1. 사각형의 무게중심 위치를 찾는 방법을 알아봅니다.
2. 오각형, 육각형 등의 무게중심 위치를 찾는 방법을 알아봅니다.

미리 알면 좋아요

1. 사각형은 삼각형 두 개로 분할될 수 있습니다. 오각형은 삼각형 하나와 사각형 하나로 분할될 수 있습니다. 육각형은 삼각형 하나와 오각형 하나로 분할될 수 있습니다. 이와 같이 칠각형, 팔각형에 대해서도 계속 나아갈 수 있습니다.

2. 눈금 없는 자와 컴퍼스만을 이용하여 주어진 조건을 만족하는 도형을 그리는 것을 작도라 합니다. 주어진 선분의 중점이 작도 가능함을 고려하면, 세 중선의 교점인 삼각형의 무게중심도 결국 작도의 방법만으로 찾을 수 있음을 알 수 있습니다. 물론, 실제로는 두 중선만 그려도 그 교점으로서 무게중심을 작도할 수 있습니다.

아르키메데스의
세 번째 수업

지난 수업에는 삼각형의 무게중심을 배웠습니다. 그러나 물체의 평형이나 무게중심은 삼각형에 대해서만 생각할 수 있는 개념이 아니지요. 삼각형의 무게중심에 대해 알게 된 다음에는 사각형이나 오각형 등의 다각형, 혹은 곡선으로 둘러싸인 도형에 대해서도 그 무게중심을 궁금하게 생각하는 것이 수학을 공부하는 사람이 가져야 할 마음가짐입니다.

사각형부터 시작합시다. 자, 5분의 시간을 주겠습니다. 여러분이 직접 이 사각형의 무게중심을 구해 보세요!

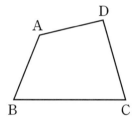

학생들은 저마다 나름대로의 방법으로 무게중심을 구하였다. 대부분의 학생들은 다음의 두 방법 중 하나를 사용하였다.

음…….. 여러분이 가장 많이 사용한 방법으로 두 가지를 들 수 있군요. 하나는 각 변의 중점을 찾은 후 대변의 중점끼리 연결한 두 직선의 교점으로 찾는 방법이고, 다른 하나는 두 대각선의 교점으로 찾는 방법입니다.

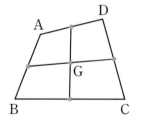

방법 (1) "두 쌍의 대변의 중점끼리 연결한 두 선분의 교점이 무게중심이다."

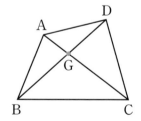

방법 (2) "두 대각선의 교점이 무게중심이다."

그러나 아쉽게도 두 방법 모두 틀렸습니다. 물론 곧바로 정답을 말해 줄 수도 있지만, "정답은 이것이니 여러분의 방법은 틀렸다."라고 말하는 것은 좋지 않은 설명이라 생각합니다. 정답을 아직 모르고 있는 여러분 입장에서 이 두 방법이 틀렸다는 것을 스스로 확인할 수 있는 방법을 생각해 봅시다. 우리가 삼각형의 무게중심에 대해 생각해 보았던 것과 비슷하게 말이지요. 어떻게 하면 될까요?

아르키메데스는 미소를 지으며 학생들의 표정을 살폈다.

방법 (1)부터 생각해 봅시다. 방법 (1)이 올바르다면 사각형의 한 변 AD를 점점 줄여 갈 때 만들어지는 사각형에 대해서도 그 무게중심을 같은 방법으로 찾을 수 있어야 합니다. 최종적으로 다음 그림과 같이 A와 D가 한 점으로 모였다고 생각해 봅시다. 이때, 사각형 ABCD, 즉 삼각형 ABC의 무게중심 G는 중선 AE 의 중점에 위치하게 됩니다. 그러나 이것은 우리가 이미 알고 있는 삼각형의 무게중심에 대한 사실과 맞지 않습니다. 삼각형 ABC(＝DBC)의 무게중심은 선분 AE를 A에서부터 2:1로 내 분하는 위치에 있어야 함을 우리는 알고 있습니다. 따라서 방법 (1)은 옳지 않습니다.

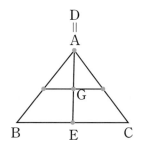

방법 (1)에 의한 사각형 ABCD의
무게 중심 G는 AE의 중점이다.

이제, 방법 (2)를 알아봅시다. 이번에는 꼭짓점 A가 대각선 BD 위로 점점 다가가는 것을 상상합니다. 방법 (2)가 옳다면 꼭짓점 A가 대각선 BD 위에 놓였을 때, 사각형 ABCD, 즉 삼각형 BCD의 무게중심 G는 점 A와 일치하게 됩니다. 이것 역시 우리가 이미 알고 있는 삼각형의 무게중심에 대한 사실과 맞지 않습니다. 그러므로 방법 (2)도 옳지 않은 것입니다.

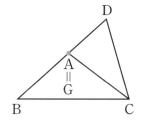

방법 (2)에 의한 무게중심 G는
BD 위에 위치한다.

두 방법에 대해 우리가 지금 한 검증에서 핵심적인 아이디어는 삼각형은 어떤 관점에서 사각형의 특별한 한 경우라는 것이었습니다. 이렇게 특별한 경우를 고려하는 것은 수학에서 많이 사용하는 사고방식입니다. 이번 예를 잘 음미해 보기 바랍니다.

그러면 사각형의 진짜 무게중심을 찾아봅시다. 삼각형에 대해서라면 이미 알고 있으므로 사각형을 삼각형 두 개로 분해하여 생각해 보는 것이 자연스럽습니다. 이런 방법은 여러분이 이미 본 적이 있을 것입니다. 예를 들어, 사각형 내각의 합은 사각형을 삼각형 두 개로 분해해 보면 알 수 있습니다. 아래 그림에서 보듯 사각형 내각의 합은 각각의 삼각형 내각 합을 합한 것과 같고, 그러니 그 크기는 $180°+180°$. 즉, $360°$입니다.

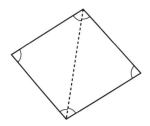

무게중심에 대해서도 이와 비슷하게 사각형 ABCD에 대각선 AC를 그어서 삼각형 ABC와 ACD로 분해합시다. 삼각형 ABC와 ACD의 무게중심은 각 삼각형의 세 중선의 교점임을 이전 시간에 배웠지요. 그것을 각각 G_1, G_2라 합시다. 이제 사각형 전체의 무게중심은 지레의 법칙을 이용하여 구할 수 있습니다. 즉, ABC의 넓이가 a, ACD의 넓이가 b라면 사각형 전체의 무게중심 G는 $\overline{G_1 G} : \overline{G_2 G} = b : a$가 되는 위치에 있는 것입니다.

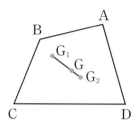

이렇게 우리는 사각형의 무게중심을 구하는 법까지 알게 되었습니다. 그렇다면 오각형에 대해서는 어떻게 할까요?

— 마찬가지로 하면 될 것 같습니다. 오각형은 사각형 하나와 삼각형 하나로 분해되므로, 삼각형과 사각형의 무게중심을 찾아서 다시 지레의 법칙을 사용하면 됩니다.

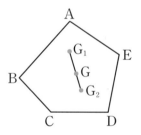

맞습니다. 이 방법으로 계속해서 육각형, 칠각형, 팔각형 등으로 나아갈 수 있습니다. 그러나 이 방법은 각 조각의 치수가 주어져서 그 넓이를 계산할 수 있을 때만 쓸 수 있지요. 삼각형

에 대해서는 그 무게중심을 단지 세 중선의 작도를 통해 찾을
수 있었습니다. 그래서 이번에는 다각형에 대해서도 넓이 계산
없이 단지 작도의 방법으로 그 무게중심을 구하는 방법을 생각
해 봅시다. 역시 사각형부터 시작합니다.

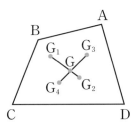

　사각형 ABCD는 두 대각선에 의해 두 가지 방법으로 삼각형
두 개로 쪼개어집니다. 대각선 AC에 의한 두 삼각형 ABC와
ACD의 무게중심을 각각 G_1, G_2라 합시다. 그러면 사각형 전체
의 무게중심은 선분 G_1G_2 위에 있을 것입니다. 이번에는 대각
선 BD에 의한 두 삼각형 BDA와 BCD의 무게중심을 각각 G_3,
G_4라 합시다. 사각형 전체의 무게중심은 선분 G_3G_4 위에 있겠
지요. 그러니 결국 사각형 전체의 무게중심 G는 $\overline{G_1G_2}$와 $\overline{G_3G_4}$의
교점입니다.

— 이 방법 역시 조금 전과 마찬가지로 오각형, 육각형 등등으로 확장할 수 있겠군요!

맞습니다. 좋은 발견입니다. 오각형은 두 가지 이상의 방법으로 삼각형 하나와 사각형 하나로 쪼개어집니다. 삼각형과 사각형의 무게중심을 작도하는 법은 이미 알고 있으므로 위의 방법으로 오각형의 무게중심을 찾을 수 있습니다. 예를 들어, 다음 오각형 ABCDE는 대각선 BE에 의해 삼각형 ABE와 사각형 BCDE로 쪼개어집니다. 그 무게중심을 각각 G_1, G_2이라 합시다. 이 오각형은 또한 대각선 AD에 의해 삼각형 ADE와 사각형 ABCD로 쪼개어집니다. 그 무게중심을 각각 G_3, G_4라 합시다. 오각형 전체의 무게중심은 G는 $\overline{G_1G_2}$와 $\overline{G_3G_4}$의 교점입니다.

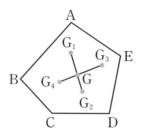

마찬가지로 계속하면 육각형, 칠각형 등으로 나아갈 수 있습니다. 이제 여러분이 직접 다각형 몇 개를 그리고 그 무게중심을 찾아보기 바랍니다. 단, 무게중심에 대한 감각을 키우기 위해 먼저 그 위치를 어림짐작해 보고, 그다음에 지금 배운 방법으로 작도하여 짐작으로 구한 위치와 비교해 보기 바랍니다.

❶ '일반화'는 수학의 가장 큰 특징 중 하나입니다. 삼각형의 내각의 합을 알고 난 이후에는 사각형, 오각형 등 일반적인 다각형의 내각의 합을 궁금하게 여기듯이, 삼각형의 무게중심을 알고 난 이후에는 일반적인 다각형의 무게중심을 궁금하게 여겨야 합니다.

❷ 다각형이 삼각형 하나와 그 나머지 다각형으로 분할된다는 사실을 이용하면, 삼각형의 무게중심 위치로부터 사각형의 무게중심 위치, 오각형의 무게중심 위치 등등을 차례로 구할 수 있습니다.

사다리꼴의
무게중심 공식

자, 이번 시간에는
사다리꼴의 무게중심 공식에 대해 알아봅시다.

1. 사다리꼴의 무게중심 위치 공식을 구합니다.
2. 두 도형의 차로 표현되는 도형의 무게중심을 찾는 방법을 알아봅니다.

미리 알면 좋아요

1. 사다리꼴은 마주 보는 한 쌍의 변이 서로 평행인 사각형입니다.
2. 높이가 같은 삼각형들의 넓이는 그 밑변의 길이에 비례합니다.

아르키메데스의
네 번째 수업

어제 수업을 통해 여러분은 다각형의 무게중심을 찾는 것에 상당히 익숙해졌으리라 생각됩니다. 오늘은 사다리꼴의 무게중심에 대해 알아봅시다. 물론 사다리꼴뿐만이 아니라 일반적인 다각형의 무게중심을 찾을 수 있는 방법을 어제 수업에서 알아보았지만, 오늘은 특히 사다리꼴의 무게중심은 그 위치를 우아한 공식으로 표현할 수 있음을 보일 것입니다.

변 AB와 CD가 평행한 사다리꼴 ABCD에 대해 변 AB의 길이를 a, CD의 길이를 b라 둡시다. 그림과 같이 a보다 b가 크다면, 짐작컨대 이 사다리꼴 높이의 중간지점 어딘가를 받친다면 변 CD 쪽으로 기울겠지요. 그렇다면 사다리꼴의 무게중심은 변 AB보다는 변 CD에 가까운 위치에 있어야 할 것입니다. 자, 이 사다리꼴의 무게중심은 정확히 어떤 지점에 있을까요?

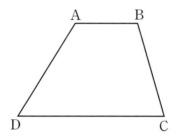

이것을 알아보기 전에 우선, 좀 더 쉬운 문제를 하나 내겠습니다. 반지름이 2인 원판 안에, 내접하고 있는 반지름 1인 원판이 잘려져 나가 있는 다음 모양 판의 무게중심은 어디에 있을까요?

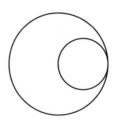

— 아르키메데스 선생님, 원판의 무게중심은 그 중심에 있지요?

그렇습니다. 더 일반적으로, 점대칭인 도형의 무게중심은 점대칭의 중심에 있습니다. 여러분이 직접 증명해 보세요! 평행사변형 무게중심 증명의 아이디어를 일반화시키면 됩니다. 그리고 힌트를 하나 주겠습니다. 잘려 나간 반지름 1인 원판을 임시로 메워 넣었다고 생각해 보세요!

— 음, 알겠습니다! 큰 원판과 작은 원판 모두 그 넓이는 아니까 지레의 법칙을 이용하면 구할 수 있을 것 같습니다.

예, 맞습니다. 계속해 보세요.

— 음……. 큰 원의 중심을 O, 작은 원의 중심을 H, 주어진 도형의 무게중심을 G라고 하면 말이죠.

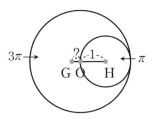

지레의 법칙에서 $\overline{GO}:\overline{OH}=$(작은 원의 넓이):(구하는 도형의 넓이)입니다. 여기서 큰 원의 넓이는 $\pi\cdot2^2=4\pi$, 작은 원의 넓이는 $\pi\cdot1^2=\pi$이니까 구하는 도형의 넓이는 $4\pi-\pi=3\pi$입니다. 따라서 $\overline{GO}:\overline{OH}=1:3$인데, $\overline{OH}$의 길이는 1이므로 $\overline{GO}$의 길이는 $\frac{1}{3}$입니다.

아, 잘했습니다! 이 문제에서는 잘려 나간 부분을 임시로 채워 넣는다는 아이디어를 이용했지요. 사다리꼴의 무게중심도 비슷한 방법으로 찾아봅시다.

답을 먼저 말하자면, 그 무게중심 G는 $\overline{AB}$의 중점 I와 $\overline{CD}$의 중점 J를 연결한 선분 위에, I로부터 $2b+a:2a+b$로 내분한 위치에 있습니다.

$2b+a=(a+b)+b$, $2a+b=(a+b)+a$이므로 $2b+a>2a+b$임을 곧바로 알 수 있지요. 우리의 예상대로입니다. 증명해 봅시다.

우선, $\overline{AB}$의 중점을 I, $\overline{CD}$의 중점을 J라고 할 때, 사다리꼴 ABCD의 무게중심은 선분 IJ 위에 있어야 함을 보입시다.

우리는 삼각형의 무게중심에 대해서는 이미 잘 알고 있습니다. 따라서 사다리꼴의 윗부분에 작은 삼각형을 덧붙여 큰 삼각형을 만들어 보기로 합시다. 즉, 변 AD를 A쪽으로, 변 BC를 B쪽으로 연장하여 그 교점을 E라고 하면 삼각형 ECD가 만들어집니다. ECD는 삼각형 EBA와 사다리꼴 ABCD로 분해됩니다. 또 삼각형 ECD의 중선 EJ는 점 I를 지납니다.

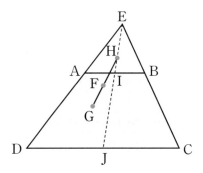

　이제 사다리꼴 ABCD의 무게중심을 G, 삼각형 EBA의 무게중심을 H, 삼각형 ECD 전체의 무게중심을 F라 합시다. H는 삼각형 EBA의 중선 EI 위에 있으며, F는 선분 GH 위에 있습니다(공리 6). 이때, G가 선분 IJ 위에 있지 않다고 가정합시다. 그러면 F는 선분 EJ 위에 있을 수 없고, 이것은 삼각형의 무게중심은 그 중선 위에 있어야 한다는 사실에 모순입니다. 그러므로 G는 선분 IJ 위에 있어야 합니다.

　이제 G의 정확한 위치를 구합시다. 사다리꼴 ABCD를 삼각형 ABD와 BCD로 나누고 그 무게중심을 각각 G_1, G_2라 합시다. 이때 사다리꼴 ABCD 전체의 무게중심 G는 선분 G_1G_2 위에 있습니다. 결국 G는 선분 IJ와 $\overline{G_1G_2}$의 교점입니다.

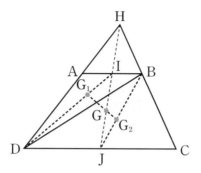

　여기서 변 AB의 길이를 a, CD의 길이를 b라 두면, $\triangle$ABD:
$\triangle$BCD$=\overline{\text{AB}}:\overline{\text{CD}}=a:b$이고, 따라서 지레의 법칙에서
$\overline{\text{GG}_1}:\overline{\text{GG}_2}=b:a$입니다. 이제, G_1, G_2를 지나고 $\overline{\text{AB}}$에 평행한
두 직선을 그려서 선분 IJ와의 그 교점을 각각 K, L이라 합시
다. 그러면 $\overline{\text{IK}}=\overline{\text{KL}}=\overline{\text{LJ}}$입니다. 또한 $\overline{\text{GG}_1}:\overline{\text{GG}_2}=b:a$이므
로 $\overline{\text{KG}}:\overline{\text{GL}}=b:a$입니다. 그러므로 $\overline{\text{IG}}:\overline{\text{GJ}}=b+(a+b):a+$
$(a+b)=2b+a:2a+b$가 됩니다.

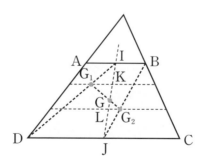

이를 종합하면, 윗변 길이가 a, 아랫변 길이가 b인 사다리꼴의 무게중심은 윗변과 아랫변의 중점을 연결한 선분상의, 윗변의 중점으로부터 $2b+a:2a+b$로 내분한 위치에 있다는 결론을 얻게 됩니다.

❶ 사다리꼴은 두 삼각형의 차로 생각할 수 있습니다.

❷ 사다리꼴의 무게중심 위치는 우아한 공식으로 표현할 수 있습니다.

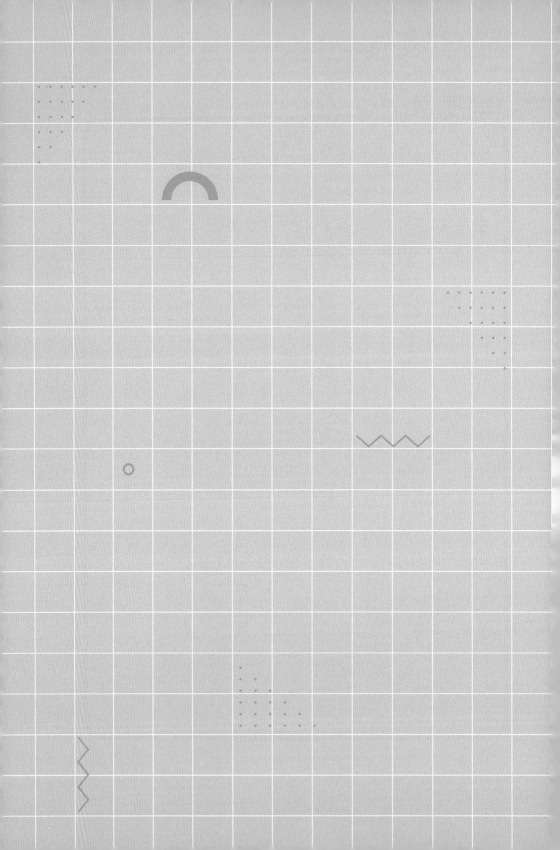

회전체란?

회전체의 뜻에 대해서 알아보고,
원기둥의 겉넓이와 부피를 구해 봅시다.

수업 목표

1. 회전체의 뜻을 이해합니다.
2. 원기둥의 겉넓이와 부피를 구합니다.

미리 알면 좋아요

1. 각기둥의 부피는 그 밑넓이와 높이의 곱입니다.
2. 밑변의 길이가 b이고 높이가 h인 평행사변형의 넓이는 bh입니다. 그 한쪽을 다음과 같이 쪼개어 옮겨 붙이면 밑변의 길이가 b이고 높이가 h인, 따라서 넓이가 bh인 직사각형이 되기 때문입니다.

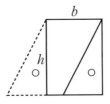

아르키메데스의
다섯 번째 수업

지금 수업을 듣고 있는 여러분은 평면도형의 넓이와 그 둘레의 길이, 각기둥 등의 간단한 입체도형의 부피와 겉넓이 등에 대해서는 어느 정도 익숙하리라 생각합니다. 오늘부터는 회전체라 불리는 입체도형에 대해 그 겉넓이와 부피를 구하는 문제를 다루어 볼 것입니다. 예를 들자면, 원기둥, 원뿔, 구와 같은 입체도형이 회전체입니다. 회전체는 한 직선을 축으로 하여 평면도형을 회전시켜 만든 입체도형으로 정의할 수 있습니다. 실제로 원기둥은 직사각형을, 원뿔은 직각삼각형을, 구는 반원을 다음과 같이 회전시켜서 만든 것이지요.

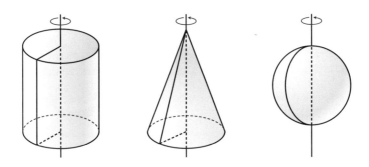

회전체 모양의 물체는 우리의 일상생활 속에서도 많이 찾아볼 수 있습니다. 꽃병, 볼링 핀, 접시, 전구 등이 그 예가 되겠네요.

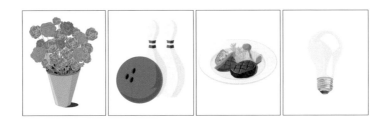

이 물체들의 모양은 자신이 어떻게 만들어졌는지를 보여 줍니다. 여러분은 도공들이 물레 위에 흙을 올려놓고 도자기를 빚어 만드는 것을 본 적이 있을 것입니다. 회전체 모양의 많은 물체는 실제로 이렇게 빙글빙글 돌려 가며 빚거나 깎아서 만듭니다. 또한 사용하는 사람 입장에서 회전체 모양의 물건은 그 대칭성 때문에 편리하게 이용할 수 있는 경우가 많습니다. 예를 들어, 컵은 대부분 둥근 모양이기 때문에 어떤 방향으로 놓여 있더라도 어떤 방향에서 손을 뻗어 집더라도 다를 바가 없지요.

회전체를 축에 수직인 평면으로 자르면 그 단면이 원이 됩니다. 회전체의 옆면은 둥글게 구부러진 곡면이기 때문에 다면체에 비해 다루기에 좀 어렵게 여겨지지만, 그래도 곡면으로 둘러싸인 입체도형 중에서는 가장 단순한 것들이라고 할 수 있습니다.

어떤 입체도형의 전개도란 그 입체도형의 겉면을 평면 위에 펼쳐 그린 것입니다. 다면체의 전개도, 예를 들어 정육면체의 전개도 같은 것은 여러분 모두 그려 본 적이 있지요? 어떤 입체도형의 전개도를 그릴 수 있다면 그 입체도형의 겉넓이를 구하는 것은 단지 평면도형의 넓이를 구하는 문제가 됩니다. 회전체 중에서 예를 들면, 원기둥이나 원뿔은 평면에 그 겉면의 전개도를 그릴 수 있습니다. 따라서 이 도형들에 대해 그 겉넓이를 구하는 것은 그리 어려운 일이 아닙니다. 그러나 구의 경우 겉면을 어떻게 자르더라도 평면에 완전히 펼쳐 놓을 수는 없습니다. 즉, 평면 전개도가 존재하지 않습니다.왜 그러한지 수학적으로 설명해 보세요! 그래서 그 '겉넓이'가 무엇인지 이해하고, 그 값을 구하는 것은 좀 더 어려울 것입니다.

쉬운 것부터 다루는 것이 좋겠지요? 오늘은 원기둥에 대해서

만 생각해 봅시다. 주어진 원기둥 밑면의 반지름이 r이고, 높이가 h라 합시다. 이 원기둥은 위, 아래의 두 밑면과 둥글게 말린 옆면으로 둘러싸여 있습니다. 이때 옆면은 펼치면 직사각형 모양인데, 그 밑변의 길이는 원기둥 밑면의 둘레와 같으므로 $2\pi r$이고, 높이는 원기둥의 높이와 같으므로 h입니다. 또한 원기둥의 두 밑면은 그 넓이가 각각 πr^2이므로, 결국 이 원기둥의 겉넓이는 $2\pi r^2 + 2\pi rh$가 됩니다.

원기둥의 옆면을 펼치면 직사각형이 됩니다. 원기둥은 원 두개와 직사각형 하나가 모인 것이죠.

이것이 나의 본모습?! …

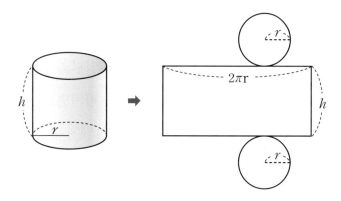

이제 이 원기둥의 부피에 대해 알아봅시다. 그 한 가지 방법은 주어진 원기둥에 내접하는, 정다각형 밑면을 가진 각기둥을 생각하고, 밑면의 변의 개수를 점점 늘여서 원기둥에 한없이 가까이 가게 하는 것입니다. 각기둥의 부피는 밑넓이와 높이의 곱이므로 결국 원기둥에 대해서도 그 부피는 밑넓이인 πr^2과 높이인 h의 곱이 될 것입니다. 그러므로 이 원기둥의 부피는 $\pi r^2 h$입니다.

그러나 다른 방법을 하나 더 알아보겠습니다. 이 방법은 여러

번에 걸쳐 계속 쓰일 것입니다.

주어진 원기둥과 밑면의 넓이, 그리고 높이가 같은 직사각기둥을 생각합니다. 두 기둥을 임의의 같은 높이에서 잘라 만든 두 단면은 각각 그 밑면과 합동이므로 넓이가 서로 같습니다.

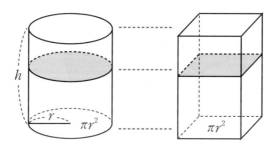

모든 높이에 대해 두 단면의 넓이가 같으므로 주어진 원기둥의 부피는 직사각기둥의 부피와 같을 것입니다. 그런데 직사각기둥의 부피는 밑넓이와 높이의 곱, 즉 $\pi r^2 h$임을 이미 알고 있습니다. 따라서 원기둥의 부피도 $\pi r^2 h$입니다.

이 방법은 일반적인 밑면을 가진 기둥에 대해서도 마찬가지로 적용될 수 있습니다. 그림의 원기둥을 일반적인 기둥으로 바꾸어 놓고 생각하면 되는 것이지요. 따라서 일반적인 기둥에 대해서도 (기둥의 부피)＝(밑넓이)×(높이)입니다.

그뿐만 아니라, 이 방법은 기울어진 기둥에 대해서도 적용됩니다. 기울어진 기둥에 대해 그 기둥과 밑면이 합동이고 높이가 같은 똑바로 선 기둥을 생각합시다. 모든 높이에서 그 단면은 서로 합동이고, 따라서 두 기둥의 부피는 같을 것입니다. 결국 기울어진 기둥에 대해서도 (기둥의 부피)＝(밑넓이)×(높이)입니다. 이때, 그 높이는 기울어진 모서리를 따라 비스듬히

재는 것이 아니라, 똑바른 기둥에서와 같이 아랫면과 윗면에
동시에 수직인 방향으로 재어야 함에 주의하세요.

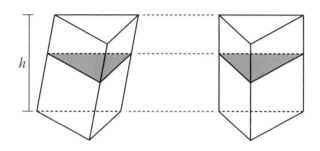

그런데 여기서 잠깐 생각해 봅시다. 사실 지금 설명하는 방법
에는 "같은 높이에서 그 단면의 넓이가 항상 일치하는 두 입체
도형은 부피가 같다."는 원리가 사용되었습니다. 이 원리는 옳
은 것일까요?

— 사실, 바로 앞의 예에서 기울어진 기둥이 부피가 더 크게
보이긴 합니다. 하지만 평면도형에서 밑면과 높이가 같은 두
평행사변형은 기울어진 정도가 다르더라도 넓이가 같다는 것
을 생각해 보면 비슷한 이유로 옳을 것 같기도 합니다.

아, 좋은 착상입니다. 평면에서의 비슷한 경우를 생각해 보았군요. 정말 평행사변형에 대해서 그러한 성질이 성립합니다. 사실은, 더 일반적으로 "같은 높이에서 그 절단 선분의 길이가 항상 일치하는 두 도형의 넓이는 같다."는 원리가 성립합니다. 이왕 말이 나왔으니, 평면도형에 대해서부터 살펴보기로 합시다. 예를 들어 다음과 같은 두 도형이 같은 높이에서 그 절단 선분의 길이가 같다면 두 도형의 넓이는 같습니다.

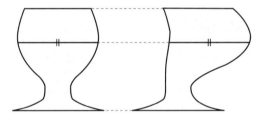

그 이유는 다음과 같습니다. 왼쪽 도형을 어떤 균일한 간격으로 끊어서 생기는 각 절단 선분을 밑변으로 가지는 가느다란 직사각형들을 생각해 봅시다. 그러면 그 직사각형들의 넓이 합은 원래의 도형과 비슷할 것입니다. 이 직사각형들 각각을 옆으로 적당히 미끄러뜨리면 오른쪽 도형과 비슷한 도형을 만들 수 있습니다.

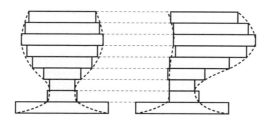

아주 가느다란 직사각형들을 이용했다면 원래의 두 도형에 아주 가까운 도형이 만들어졌을 것입니다. 결국, 충분히 가느다란 직사각형들을 사용함으로써 원래의 두 도형에 원하는 만큼 가까운 도형들을 만들 수 있습니다. 이는 원래의 두 도형의 넓이는 같다는 말입니다.

입체도형에 대해서도 이와 비슷하게 생각하면 됩니다. 즉, 다음과 같이 같은 높이에서 단면의 넓이가 같은 두 도형을 생각해 봅시다.

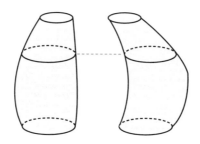

왼쪽 입체도형을 균일한 간격으로 끊어서 생기는 각 단면을 밑면으로 가지는 짧은 기둥들을 생각해 봅시다. 그 기둥들의 부피 합은 원래의 입체도형과 비슷할 것입니다. 이 기둥들 각각을 옆으로 적당히 미끄러뜨리면 오른쪽 입체도형과 비슷한 도형을 만들 수 있습니다.

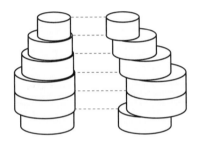

아주 촘촘히 끊어서 아주 납작한 기둥들을 이용했다면 원래의 두 입체도형에 아주 가까운 입체도형이 만들어졌을 것입니다.

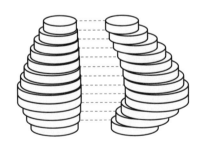

결국, 충분히 납작한 가느다란 직사각형들을 사용함으로써 원래의 두 입체도형에 원하는 만큼 가까운 도형들을 만들 수 있습니다. 이는 원래의 두 입체도형의 부피는 같다는 말입니다. 이 정도라면 설명이 되었겠지요?

　　이 원리를 받아들이고 잘 응용하면 도형의 넓이나 부피에 대한 많은 사실을 멋진 방법으로 발견할 수 있습니다. 우리는 이 방법을 앞으로 자유롭게 사용하기로 하겠습니다. 참고로 말하자면, 이 원리는 카발리에리의 원리라고 불립니다. 이 원리를 잘 활용했던 17세기 이탈리아의 수학자의 이름을 딴 것이지요. 애석하게도, 그때에는 이 원리를 사용했던 내 연구가 세상에 잘 알려지지 않았거든요.

❶ 모든 높이에서 그 단면의 넓이가 일치하는 두 기둥은 부피
가 같습니다.

❷ 원기둥과 같이 평면상의 전개도가 존재하는 도형은 그 전개
도를 통해 겉넓이를 구할 수 있습니다.

원뿔의
겉넓이와 부피

전 시간에 배운 내용을 바탕으로
원뿔의 겉넓이와 부피를 구해 봅시다.

1. 삼각뿔의 부피를 알아봅니다.
2. 원뿔의 부피와 겉넓이를 알아봅니다.

1. 원뿔의 옆면은 펼치면 부채꼴이 됩니다.
2. 밑변의 길이가 b이고 높이가 h인 삼각형의 넓이는 $\frac{1}{2}bh$입니다. 이 공식은 같은 삼각형 두 개를 다음과 같이 붙이면 밑변의 길이가 b이고 높이가 h인, 따라서 넓이가 bh인 평행사변형이 된다는 사실로부터 나온 것입니다.

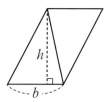

아르키메데스의
여섯 번째 수업

지난 시간에는 원기둥의 겉넓이와 부피에 대해 알아보았지요. 이번 시간에는 원뿔의 겉넓이와 부피를 알아보려고 합니다.

원뿔의 겉넓이

원뿔의 모선의 길이가 l이고 밑면의 반지름이 r이라 합시다. 원뿔의 옆면은 펼치면 부채꼴이 되므로 전개도는 다음과 같이 그릴 수 있습니다. 이 부채꼴의 반지름은 원뿔의 모선의 길이와 같기 때문에 l이고, 호의 길이는 원뿔 밑면의 둘레와 같으므로 $2\pi r$이 되겠지요.

이 원뿔의 겉넓이는 밑면과 옆면 각각의 넓이를 구해서 합하면 얻어질 것입니다. 밑면의 넓이는 물론 πr^2입니다. 또 옆면의 넓이는 이 부채꼴이 같은 반지름을 가진 원 전체의 몇 분의 몇인지를 알면 계산할 수 있습니다. 반지름 l인 원 전체의 둘레 길이는 $2\pi l$이고 부채꼴의 호의 길이는 $2\pi r$이므로, 부채꼴의 넓이는 반지름 l인 원 전체 넓이의 $\dfrac{2\pi r}{2\pi l}$배, 즉 $\dfrac{r}{l}$배가 됩니다. 그러므로 $\pi l^2 \times \dfrac{r}{l} = \pi r l$입니다. 결국 이 원뿔의 겉넓이는 $\pi r^2 + \pi r l$이 됩니다.

여기서 우리는 전개도를 이용하여 원뿔 옆면의 넓이를 구했습니다. 그러나 저는 여러분에게 원뿔 옆면의 넓이에 대한 다른 관점을 하나 더 알려 주고 싶습니다. 이번에는 전개도를 사용하지 않고, 원뿔을 있는 그대로 두고 관찰할 것입니다.

원뿔을 설명하기 전에 먼저 정각뿔에 대해 생각해 봅시다.정각뿔이란 밑면이 정다각형이고 옆면은 이등변삼각형이며, 모든 옆면이 서로 합동인 뿔을 말합니다. 정각뿔의 이등변삼각형 모양 옆면의 높이를 l이라 합시다. 그리고 밑면의 중심밑면의 외접원의 중심을 꼭짓점으로 하는 삼각형에서 밑면의 가장자리까지의 길이를 r이라 합시다. 이때 한 옆면과, 밑면상의 그 옆면의 그림자에 해당하는 부분의 넓이 비는 $l:r$입니다. 두 삼각형의 밑변은 같고 높이의 비는 $l:r$이기 때문입니다.

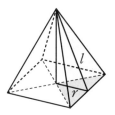

이는 다른 옆면에 대해서도 마찬가지이므로, 정각뿔의 전체 옆면의 넓이와 밑면 전체의 넓이 비 역시 $l:r$입니다. 즉, (전체 옆면의 넓이):(밑면의 넓이)$=l:r$입니다. 따라서 (전체 옆면의 넓이)$=$(밑면의 넓이)$\times\dfrac{l}{r}$입니다. 물론, 정사각뿔 이외의 정각뿔에 대해서도 마찬가지입니다. 즉, 옆면의 높이가 l이고 밑면의 중심에서 모서리까지의 길이가 r인 정오각뿔, 정육각뿔 등에 대해서도 (전체 옆면의 넓이):(밑면의 넓이)$=l:r$입니다. 그런데 이렇게 계속 나아가면 정각뿔의 밑면의 넓이는 반지름 r이고 모선의 길이가 l인 원뿔의 밑면의 넓이에 한없이 가까이 가고, 전체 옆면의 넓이는 그 원뿔의 옆넓이에 한없이 가까이 갑니다.

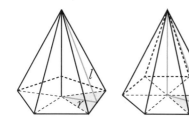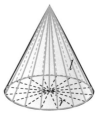

이 사실로부터, 모선의 길이가 l 이고 밑면의 반지름이 r 인 원뿔에 대해서도 (옆면의 넓이) : (밑면의 넓이)$=l : r$ 이라는 관계가 성립할 것임을 알 수 있습니다. 그런데 원뿔의 밑넓이는 πr^2 이므로 (옆넓이)$=\pi r^2 \times \dfrac{l}{r}=\pi r l$ 이 됩니다. 역시, 앞의 결과와 일치하는군요! 이번 설명은 원뿔의 옆면과 밑면 넓이 사이의 관련성을 분명히 볼 수 있게 해 준다는 점에서 유익합니다.

삼각뿔의 부피

이제 우리는 원뿔의 부피에 대해 알아볼 것입니다. 그러나 그를 위해 먼저 삼각뿔의 부피부터 알아보아야 합니다. 결론부터 말하자면 삼각뿔의 부피는 같은 밑면과 높이를 가진 삼각기둥의 부피의 정확히 $\dfrac{1}{3}$ 입니다.

이를 보이기 위한 첫 단계로 밑면의 넓이와 높이가 같은 두 삼각뿔은 부피가 같다는 것을 봅시다. 원기둥의 부피에서 단면을 이용했던 것과 비슷한 방법을 이용합니다.

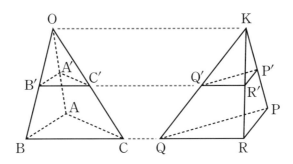

밑면의 넓이와 높이가 서로 같은 두 삼각뿔 OABC, KPQR을
생각합시다. 그리고 두 삼각뿔을 임의의 같은 높이에서 잘라 만
든 단면, 삼각형 A′B′C′와 P′Q′R′을 생각해 봅시다. 이때 두 단
면의 넓이는 서로 같습니다. 왜냐하면 삼각형 ABC와 PQR의
넓이가 같고, 삼각형 A′B′C′는 삼각형 ABC와, 삼각형 P′Q′R′은
삼각형 PQR과 닮음이며, 그 닮음비가 서로 같기 때문입니다.

모든 높이에서 두 단면의 넓이가 서로 같으므로 결국 두 삼
각뿔의 부피가 같을 것입니다. 그리고 삼각뿔 부피의 계산법은
이 사실로부터 곧바로 유도됩니다. 어떻게 하면 될까요?

다음 그림과 같이 임의로 주어진 삼각뿔 EABC에 대해, 삼

각형 ABC를 이 삼각뿔의 밑면이라 하고, 이때 삼각뿔의 높이를 h라 합시다. 이 삼각뿔에 대해 변 EB와 평행하고 길이가 같도록 변 DA, FC를 세우고 변 DE, EF, FD를 그려서 삼각기둥 ABCDEF를 만듭시다. 물론 이 삼각기둥의 높이 역시 h가 됩니다.

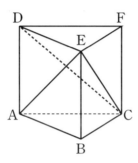

이 삼각기둥은 세 개의 삼각뿔 EABC, CDEF, CAED로 분해될 수 있습니다. 그리고 세 삼각뿔의 부피는 일치합니다. 삼각뿔 EABC와 CDEF의 부피가 일치하는 것은, 두 삼각뿔의 꼭짓점을 각각 E와 C로 보고 밑면을 각각 삼각형 ABC와 DEF로 보았을 때, 두 삼각뿔의 높이는 일치하고 밑면끼리는 합동이기 때문입니다. 또 삼각뿔 EABC와 CAED의 부피가 일치하는 것은 두 삼각뿔의 꼭짓점을 둘 다 C로 보고 밑면을 각각 삼각형

ABE와 AED로 보면 알게 됩니다.

이 사실로부터 우리가 목표로 했던 삼각뿔 EABC의 부피가 쉽게 얻어집니다. 즉, (삼각기둥 ABCDEF의 부피)＝(삼각뿔 EABC의 부피)＋(삼각뿔 CDEF의 부피)＋(삼각뿔 CAED의 부피)＝3×(삼각뿔 EABC의 부피)이므로 삼각뿔 EABC의 부피는 삼각기둥 ABCDEF 부피의 $\frac{1}{3}$입니다. 따라서 삼각형 ABC의 넓이를 S라 하면 그 부피는 $\frac{1}{3}×S×h$가 됩니다.

드디어 삼각뿔의 부피에 대한 설명이 끝났습니다. '$\frac{1}{3}$'이 어디에서 나온 값인지 잘 음미하기 바랍니다.

원뿔의 부피

이 정도까지 설명했으면 여러분 중에는 이미 원뿔의 부피에 대해 내가 어떻게 설명할지 눈치챈 학생이 있을 것 같습니다.

밑면의 반지름이 r이고 높이가 h인 원뿔을 생각합시다. 또한 밑면의 넓이와 높이가 주어진 원뿔과 일치하는 삼각뿔을 생각합시다.

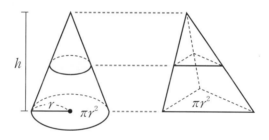

이때, 두 입체도형에서 모든 높이의 단면에 대해 그 넓이는 서로 일치합니다. 따라서 원뿔의 부피는 이 삼각뿔의 부피와 같을 것입니다. 삼각뿔의 부피는 $\frac{1}{3} \times$ (밑면의 넓이) $\times$ (높이)로 계산할 수 있었지요. 그러니 반지름이 r이고 높이가 h인 원뿔의 부피는 $\frac{1}{3}\pi r^2 h$입니다.

사실 이 설명은 원뿔뿐만 아니라, 일반적인 도형을 밑면으로 가지는 뿔에 대해서도 그대로 성립합니다. 위의 원뿔 그림을 새로운 뿔로 바꾸어 놓기만 하면 되지요.

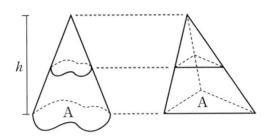

따라서 밑면의 넓이가 A이고 높이가 h인 주어진 임의의 뿔에 대해 (주어진 뿔의 부피)=(밑면의 넓이가 A이고, 높이가 h인 삼각뿔의 부피)=$\frac{1}{3}$×(밑면의 넓이)×(높이)입니다.

물론, 원뿔의 부피에 대해서도 원기둥의 부피에 대해 처음 살펴본 방법과 같이 설명할 수 있습니다. 즉, 다각뿔을 삼각뿔들이 모인 것으로 생각하여, (다각뿔의 부피)=$\frac{1}{3}$×(밑면의 넓이)×(높이)라는 공식을 얻습니다. 다음으로는, 밑면의 변의 수가 많아지면 정다각뿔은 원뿔에 가까워진다는 사실로부터 원뿔의 부피 역시 그러함을 설명하는 것입니다. 이 방법 역시 중요합니다. 여러분이 직접 머릿속으로 그림을 그려 가며 확인해 두기 바랍니다.

❶ 원뿔의 겉넓이는 그 전개도를 통해 알 수 있습니다.

❷ 삼각뿔의 부피는 $\frac{1}{3} \times$ (밑넓이) $\times$ (높이), 즉 그 삼각뿔과 밑면과 높이가 각각 일치하는 삼각기둥 부피의 $\frac{1}{3}$입니다. 여기서 $\frac{1}{3}$은 '주어진 삼각뿔과 밑면, 높이가 같은 삼각기둥은 주어진 삼각뿔과 부피가 같은 세 개의 삼각뿔로 쪼개어진다.'는 사실로부터 나왔습니다.

구의 부피

포물선을 회전시켜 만든 입체도형과
구의 부피에 대해서 알아봅시다.

1. 포물선을 회전시켜 만든 입체도형의 부피를 구합니다.
2. 구의 부피를 구합니다.

미리 알면 좋아요

1. **포물선**이란 고정된 점 F와 그 점을 지나지 않는 어떤 직선 l로부터 같은 거리만큼 떨어져 있는 점 P들이 모여 이루어진 곡선입니다. 이때 F를 지나고 l에 수직인 직선을 포물선의 축, 포물선과 축의 교점을 포물선의 꼭짓점이라고 합니다.

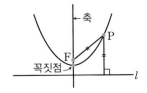

2. 포물선은 다음과 같은 성질을 가집니다. 이것은 여러분이 고등학교에서 실제로 증명하게 됩니다. 지금은 그 결과만 알아 둡시다.

주어진 포물선의 꼭짓점을 T라 하면, 포물선 위의 점 P와 P로부터 포물선의 축 위에 내린 수선의 발 Q에 대해 $\dfrac{\overline{PQ}^2}{\overline{QT}}$의 값은 모든 P에 대해 일정하다.

3. 포물회전체는 포물선을 회전시켜 만든 회전체와, 그 회전축에 수직인 절단 평면으로 둘러싸인 다음과 같은 입체도형입니다.

아르키메데스의
일곱 번째 수업

　오늘은 드디어 구의 부피를 구해 보려고 합니다. 구의 부피를 구하는 방법은 여러 가지가 있는데, 나는 우리가 앞에서 증명하고 활용해 본 바 있는 지레의 법칙을 이용하여 구하려고 합니다.

　— 아르키메데스 선생님, 상상이 잘 안되는데요. 구의 부피와 지레의 법칙이 무슨 관계가 있습니까?

예, 구의 부피를 구하는 데 지레의 법칙을 이용한다니 다소 당황스러울 것입니다. 하지만 여러분은 부피를 구하는 문제에 지레의 법칙을 이용하는 방법을 분명히 찾을 수 있을 것입니다. 이에 대한 착상을 얻기 위해 다음 문제를 생각해 봅시다.

다음은 마분지를 잘라 만든 금붕어 모양이다. 지레를 이용하여 이 마분지 조각의 넓이를 구하라.

어떤가요. 지레를 이용하여 해결할 수 있겠습니까?

— 아, 과학 시간에 양팔저울과 추를 이용하여 물체의 무게를 재어 본 적이 있는데요, 비슷하게 이 물고기를 지레의 한쪽에, 그리고 그 넓이를 아는 다른 도형을 반대쪽에 매달고 어떤 위치에서 지레가 평형을 이루는지 관찰하면 될 것 같습니다. 그러면 지레의 법칙을 통해 물고기의 넓이를 구할 수 있을 것이니까요.

이 금붕어 모양의 넓이를 알 수 있을까요?

지레의 법칙을 이용하면 돼요.

어떻게 이용하죠?

넓이를 아는 다른 도형을 추의 반대편에 매달고 어떤 위치에서 평형을 이루는지 관찰하면 돼요.

맞습니다. 하지만 우리는 좀 더 수학적인 방법으로 알아보는 게 좋겠군요.

맞습니다. 예를 들어 문제에 주어진 마분지 금붕어가 가로와 세로가 각각 20cm, 10cm인 직사각형 모양의 마분지와 다음과 같은 상태에서 지레의 평형을 이룬다고 합시다. 이 직사각형의 넓이는 $20 \times 10 = 200 \text{cm}^2$이므로, 금붕어의 넓이를 $x\text{cm}^2$라 할 때, 지레의 법칙에서 $x \times 20 = 200 \times 30$이라는 방정식이 만들어집니다. 이 방정식을 풀면 $x = 300$임을 알 수 있지요. 마분지의 두께와 밀도가 일정할 때 그 넓이와 무게는 비례합니다. 따라서 넓이에 대해 지레의 법칙을 적용해도 성립합니다.

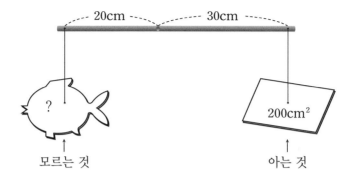

20cm --- 30cm

? 200cm²

모르는 것 　　　　　　　아는 것

즉, 부피를 이미 알고 있는 물체 A와 부피를 아직 모르는 물
체 B가 어떤 위치에서 평형을 이루는지 안다면 지레의 법칙이
만들어 주는 방정식을 풀어 B의 부피를 구할 수 있는 것입니다.

학생들은 고개를 끄덕였다. 그러나 몇몇 학생들은 무언가 미
심쩍다는 듯 미간을 찌푸리기도 했다. 아르키메데스는 미소를
띠고 학생들의 표정을 살펴보았다.

네, 무언가 의심스러워하는 학생들이 있군요. 맞습니다. 이
방법에는 하나의 속임수가 있습니다!

아르키메데스는 손주한테 수수께끼를 내는 할아버지의 표정

을 지으며 말을 이었다.

주어진 도형의 넓이 혹은 부피를 모르는데, 그것을 포함한 두 도형이 지레팔의 어떤 위치에서 평형을 이루는지 어떻게 알 수 있냐는 것입니다. 지금 한 것처럼 주어진 도형 모양의 물체를 실제로 만들어 지레에 매다는 것은 사실 허용되지 않습니다. 우리는 두 도형이 평형을 이루는 위치를 물리적인 실험을 통해서가 아니라 수학을 통해, 즉 그 도형들의 특성을 이용하여 밝혀내야 합니다.

미간을 찌푸렸던 학생들의 얼굴이 펴졌다.

이제 여러분에게 그 방법을 알려 주겠습니다. 포물회전체의 부피를 구하는 것을 예로 들까 합니다. 의외겠지만, 포물회전체 쪽이 구球나 다른 도형보다 더 쉽기 때문입니다.

다음과 같이 밑면의 반지름이 R이고 높이가 R^2인 포물회전체를 생각합시다. 그리고 그 포물회전체에 외접하는 원기둥, 즉 밑면의 반지름이 R이고 높이가 R^2인 원기둥을 생각합시다. 나는 이 포물회전체와 원기둥이 다음과 같은 상태에서 지레의 평형을 이룬다는 것을 보였습니다.

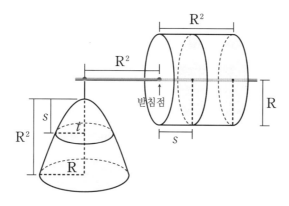

여기서 바로 그 문제가 생깁니다. 포물회전체의 부피를 아직 모르는 상황에서, 내가 이 상태에서 지레가 평형을 이룬다는 것을 어떻게 알 수 있었을까요?

나의 아이디어는 이렇습니다. 두 입체도형 전체의 평형에 대해서는 곧바로 알 수 없지만, 그 단면끼리의 평형에 대해서는 알 수 있을지 모릅니다. 그림에 표시된 것과 같이, 포물회전체의 꼭짓점에서 s만큼 떨어진 거리에서 자른 단면, 그리고 받침점을 지나는 원기둥의 밑면에서 s만큼 떨어진 거리에서 자른 단면을 생각합니다. 실제로 s값에 상관없이 이 두 단면은 지금의 위치에서 평형을 이룬다는 것을 보일 수 있습니다.

함께 알아봅시다. 우선, 포물회전체 쪽 단면의 반지름을 t라 두면, '미리 알면 좋아요'에서 배운 포물선의 성질에 의해 $\dfrac{t^2}{s}$ $=\dfrac{R^2}{R^2}=1$이므로 $s=t^2$입니다. 따라서 포물회전체 쪽 단면의 넓이는 $\pi t^2=\pi s$입니다. 또한, 원기둥 쪽의 단면의 넓이는 πR^2입니다. 받침점에서 그 단면들에 이르는 거리는 각각 R^2과 s이므로, $\pi s \cdot R^2=\pi R^2 \cdot s$, 즉 $\pi s : \pi R^2 = s : R^2$이라는 식을 그 두 단면이 지금과 같이 놓일 때 지레는 평형을 이룬다는 사실을 말해 줍니다. 물론 이것은 $0 \le s \le R^2$인 임의의 s에 대해 성립합니다. 그러니 이 입체도형들을 그 단면들 전체가 모인 것이라고 간주한다면 포물회전체와 원기둥 자체가 이 상태에서 평형을 이룰 것입니다.

자, 이제 우리는 포물회전체의 부피를 구할 수 있습니다. 원기둥의 중심은 그 높이의 중간 지점, 즉 받침점으로부터 거리가 $\dfrac{1}{2}R^2$인 위치에 있고, 포물회전체는 받침점으로부터 거리가 R^2인 위치에 매달려 있으므로, 지레의 법칙에 의해 (포물회전체) : (원기둥) $=\dfrac{1}{2}R^2 : R^2$입니다. 따라서 포물회전체의 부피는 외접하는 원기둥 부피의 정확히 $\dfrac{1}{2}$입니다. 우리는 특별한 하나의 포물회전체를 생각했지만, 다른 경우도 마찬가지임을 쉽게 확인할 수 있습니다.

이 아이디어에서 한 가지 주목할 점은, 받침점에서부터 원기둥 쪽 단면까지에 이르는 거리 s의 역할입니다. 원기둥 쪽 단면의 넓이는 고정되어 있으므로 그 단면이 지레를 아래로 누르는 힘은 s에 비례합니다. 따라서 이에 대응하는 포물회전체 쪽의 단면은 그 넓이가 s에 비례하여 커져야 합니다. 받침점으로부터 포물회전체 쪽 단면들이 매달려 있는 위치까지의 거리는 고정되어 있기 때문입니다. 따라서 포물회전체 쪽 단면은 s 값에 따라 반지름이 적당히 변하여 어떤 회전체를 '그려야' 합니다. 이번 경우에 왜 정확히 포물회전체를 그리게 되는지는 여러분이 직접 생각해 보기를 바랍니다.

우리가 목표로 하는 구에 대해서도 이와 비슷한 방법으로 그 부피를 구할 수 있습니다. 사실은 여러분이 직접 이 문제에 도전해 보았으면 좋겠습니다. 책을 통해 내 수업을 들은 학생들이라면 잠깐 책을 덮고 정말로 도전해 보길 바랍니다. 그러면 여러분은 이 방법에 대해 보다 철저하게 알 수 있을 것입니다.

나는 반지름이 R인 구, 밑면의 반지름이 2R이고 높이가 2R인 원뿔, 밑면의 반지름이 2R이고 높이가 2R인 원기둥이 다음과 같이 위치할 때 지레가 평형을 이룬다는 사실을 발견했습니다.

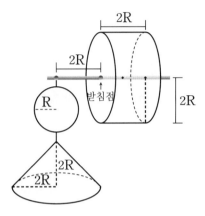

여기서 원기둥과 원뿔의 부피는 이미 알고 있지요. 즉, 밑면의 반지름이 2R이고 높이가 2R인 원뿔의 부피는 $\frac{1}{3} \times (2R)^2 \pi \times 2R = \frac{8}{3}\pi R^3$이고, 밑면의 반지름이 2R이고 높이가 2R인 원기둥의 부피는 $(2R)^2 \pi \times 2R = 8\pi R^3$입니다. 원기둥의 무게중심은 받침점으로부터 R만큼 떨어진 곳에 있으므로, 구의 부피를 V라 두면 지레의 법칙에 의해 $\left(V + \frac{8}{3}\pi R^3\right) \times 2R = 8\pi R^3 \times R$이고, 이 방정식을 풀어서 $V = \frac{4}{3}\pi R^3$임을 알 수 있습니다.

이제, 이 상태에서 지레가 정말로 평형을 이룬다는 사실을 보이겠습니다. 다음과 같이 전체의 단면을 살펴봅시다.

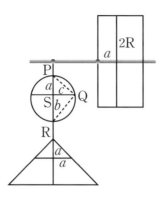

　우선, 원 안의 두 직각삼각형 PQS와 QRS가 서로 닮음이라는 사실로부터 $a:c=c:b$, 즉 $ab=c^2$임을 확인해 둡시다. 지금 원뿔의 단면 넓이는 πa^2, 구의 단면 넓이는 πc^2, 원기둥의 단면 넓이는 $\pi(2R)^2=4\pi R^2$입니다. 그런데 $\pi a^2+\pi c^2=\pi a^2+\pi ab$ $=\pi a(a+b)=\pi a\cdot 2R=2a\pi R$입니다. 바로 첫 번째 등호에서 $ab=c^2$이라는 사실이 이용되었지요.

　그러므로 받침점부터 (구의 단면+원뿔의 단면)이 매달린 곳까지의 거리 2R과 원기둥의 단면이 있는 곳까지의 거리 a에 대해, $(\pi a^2+\pi c^2)\cdot 2R=a\cdot 4\pi R^2$, 즉 $\pi a^2+\pi c^2:4\pi R^2=a:2R$이 성립합니다. 이 식은 왼쪽 구의 단면+원뿔의 단면이 오른쪽의 원기둥의 단면과 평형을 이룬다는 것을 알려 줍니다. 바로 지레의 법칙이지요. 이 식은 이것이 $0 \leqq a \leqq 2R$인 모든 a에 대해 성립하므로, 각 입체도형을 이 단면들이 모두 모인 것으로 간주할 때, 지금 상태에서 지레의 평형을 이룸을 알 수 있습니다. 따라서 다시 지레의 법칙에 의해 앞에서 보았던 바와 같은 방정식, $\left(V + \dfrac{8}{3}\pi R^3\right) \times 2R = 8\pi R^3 \times R$이 유도되고, 이 방정식을 풀어 구의 부피를 구할 수 있게 됩니다. 바로 우리의 목표를 달성한 것이지요.

나는 이 방법을 응용하여 다음과 같이 더욱 복잡한 입체도형의 부피도 구하는 데 성공했습니다.

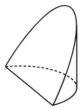

반원기둥을 비스듬히
잘라 만든 입체

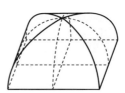

두 원기둥의 교차 부분

❶ 반지름 r인 구의 부피는 $\frac{4}{3}\pi r^3$입니다. 즉, 그 구의 대원을 밑면으로 가지고 반지름을 높이로 가지는 원뿔의 부피에 대해 4배입니다.

❷ 나아르키메데스는 지레에 매달린 입체도형끼리의 평형상태를 찾은 후 지레의 법칙에 의해 유도되는 방정식을 풀어서 도형의 부피를 구하기도 하였습니다.

구의 겉넓이

구의 겉넓이와 부피를 구하는 방법을 알아봅시다.

수업 목표

1. 구의 겉넓이를 구합니다.
2. 구의 부피를 구합니다.

미리 알면 좋아요

1. 원과 구는 비슷합니다. 삼각형과 원뿔 혹은 각뿔은 비슷합니다. 그러나 수학에서는 어떠한 점에서 두 대상이 비슷한지 명확히 이야기할 수 있어야 그 '비슷함'을 유용하게 활용할 수 있습니다.

2. 반지름 r인 원의 넓이는 πr^2입니다. 이것은 $\frac{1}{2} \cdot 2\pi r \cdot r$, 즉 그 둘레를 밑변으로 하고 반지름을 높이로 하는 삼각형의 넓이와 같습니다.

아르키메데스의
여덟 번째 수업

벌써 나와 함께하는 수업의 마지막 시간입니다. 어제 우리는 구의 부피에 대해 알아보았지요. 오늘은 구의 겉넓이에 대해 알아볼 것입니다. 앞에서 말한 바와 같이 구는 평면에 완전히 펼쳐서 그 전개도를 그릴 수 없습니다. 그러니 그 겉넓이를 구하는 것은 좀 힘들 것입니다.

구의 겉넓이를 이해하는 한 가지 방법은 구의 겉넓이와 부피의 관련성을 발견하는 것입니다. 그 아이디어를 얻기 위해 먼저 2차원에서 구와 비슷한 도형인 원에 대해 생각해 봅시다. 내가 지금 '비슷하다'는 말을 썼는데, 원과 구는 정확히 어떤 점에서 비슷한가요?

— 원과 구 모두 그 모양이 둥급니다.

하하, 물론 원과 구는 그 모양이 둥급니다. 하지만 일상생활의 용어로 표현해서는 수학에서 더 이상 이용하기가 힘듭니다. 최종적으로는 수학적인 용어로 표현해 두어야 합니다. 원과 구의 경우, 원은 평면에서 한 점으로부터의 거리가 같은 점들의 모임이고, 구는 공간에서 한 점으로부터의 거리가 같은 점들의 모임입니다.

이런 점에서 원과 구는 비슷합니다. 물론 다른 비슷한 점도 찾을 수 있지만, 지금 우리에게 중요한 사실은 이것입니다.

그러면 여러분이 잘 알고 있는 원의 넓이 공식을 다시 한번 생각해 봅시다. 반지름 r인 원의 넓이가 πr^2임은 다들 알고 있겠지요. 하지만 그 공식을 어떻게 유도했는지는 대부분 잊어버렸으리라 생각합니다. 여러분들은 다음과 같은 방법으로 원의 넓이를 배웠을 것입니다.

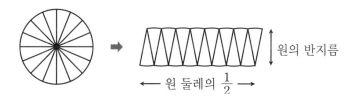

원의 반지름

← 원 둘레의 $\frac{1}{2}$ →

즉, 주어진 원을 부채꼴로 쪼개어 오른쪽 그림과 같이 지그재그로 붙여 보면 평행사변형 비슷한 모양이 됩니다. 그런데 부채꼴을 더 가늘게 쪼갤수록 오른쪽의 평행사변형은 밑변의 길이가 원의 둘레와 같고, 높이는 원의 반지름과 같은 직사각형과 가깝게 됩니다. 따라서 결국 원의 넓이는 그 직사각형과 같다는 것입니다. 그런데 위의 그림을 조금 바꾸어 다음과 같이 생각해 봅시다.

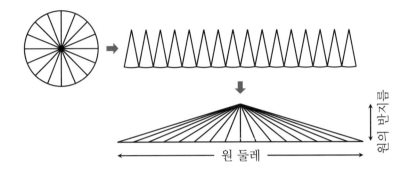

원 둘레

원의 반지름

　원을 부채꼴로 잘게 나누고 그 부채꼴들을 나란히 늘어놓습니다. 각각의 부채꼴은 밑변의 길이가 그 호와 같고 높이가 원의 반지름과 같은 삼각형과 거의 같습니다. 밑변의 길이와 높이가 같은 삼각형은 넓이가 모두 같으므로 이 삼각형들의 넓이 총합은 그 삼각형들의 위쪽 꼭짓점들을 위 그림의 세 번째 그림과 같이 한 점에 모아서 만든 큰 삼각형의 넓이와 같습니다. 앞에서와 마찬가지로, 부채꼴을 더 가늘게 쪼개면 부채꼴의 넓이는 해당하는 삼각형의 넓이에 더욱 가까워지므로 결국 원의 넓이는 그 밑변이 원의 둘레와 같고 높이가 원의 반지름과 같은 삼각형의 넓이와 같을 것입니다. 즉, (원의 넓이)$=\frac{1}{2}\times$(원의 둘레)$\times$(원의 반지름)입니다. 이 식은 우리가 반지름 r인 원의 둘레를 알면 그 원의 넓이를 구할 수 있고, 반대로 반지름

r인 원의 넓이를 알면 원의 둘레를 구할 수 있음을 말해 줍니다. 원의 둘레와 넓이는 바로 이런 관계로 묶여 있습니다.

이제 구에 대해서도 비슷한 방법을 시도해 봅시다. 원에 대해 이런 방법이 가능한 것은 원 위의 모든 점은 중심까지의 거리가 같다는 원이 가진 특징 덕분이었는데, 구 역시 이러한 특징을 가지고 있으니까요.

실제로 구의 겉면의 아주 작은 일부분을 밑면으로 하고 구의 중심을 그 꼭짓점으로 하는 뿔 모양 조각을 생각해 봅시다. 물론 밑면이 완전히 편평하지는 않으므로, 정확히 말하자면 뿔이 아닙니다. 하지만 뿔 모양 조각은 그 밑면과 같은 넓이의 편평한 밑면을 가지고 구의 반지름을 그 높이로 가지는 뿔과 부피가 거의 같을 것입니다. 이 입체도형은 앞에서 살펴본 원에서의 부채꼴에 해당합니다. 여기서, 다섯 번째 수업에서 보았듯 뿔은 밑면과 높이를 유지한 채 기울여도 부피는 변하지 않는다는 점을 기억해 두세요.

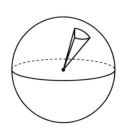

이제 구 전체를 뿔 모양 조각으로 분해한 다음, 그 조각들 각 각을 위와 같은 뿔로 바꾸어 놓습니다. 다음으로 그 뿔들의 밑 면들을 넓이를 유지한 채 적당히 변형하여 한데 모으고 꼭짓점 들을 한 점으로 모아 큰 원뿔을 만듭시다. 이 원뿔의 밑면 넓이 는 구의 겉넓이 전체와 같고, 높이는 반지름과 같습니다. 구의 부피는 이 원뿔의 부피와 거의 같을 것입니다.

구를 더욱 뾰족한 뿔 모양 조각으로 쪼개었다면 그 부피는 해 당하는 뿔의 부피와 더욱 가까웠을 것입니다. 그러므로 구의 부피는 밑넓이가 구의 겉넓이와 같고 높이가 구의 반지름과 같 은 뿔의 부피와 같을 것입니다.

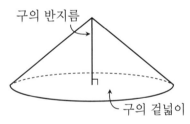

구의 부피는 이 원뿔의 부피와 같다.

따라서 (구의 부피)$=\dfrac{1}{3} \times$ (구의 겉넓이) $\times$ (구의 반지름)입 니다. 이 식은 우리가 반지름 r인 구의 겉넓이를 알면 그 구의 부피를 구할 수 있고, 반대로 반지름 r인 구의 부피를 알면 구의 겉넓이를 구할 수 있음을 말해 줍니다.

실제로, 우리는 앞 시간에 반지름 r인 구의 부피는 $\frac{4}{3}\pi r^3$임을 알았으므로 이것을 이용하여 구의 겉넓이를 구할 수 있습니다. 즉, r인 구의 겉넓이를 x라 두면 $\frac{4}{3}\pi r^3 = \frac{1}{3} \times x \times r$이고, 이것을 계산하면 $x = 4\pi r^2$임을 알게 됩니다. 우리가 구의 부피를 먼저 구했으므로 이렇게 했지만, 만약 우리가 구의 겉넓이를 먼저 구했다면 오히려 이 관계를 이용하여 구의 부피를 나중에 구할 수도 있었음을 알아 두기 바랍니다. 구의 겉넓이와 부피는 바로 이런 관계로 묶여 있습니다.

한편 구의 겉넓이가 $4\pi r^2$이라는 결과는 참으로 신비롭습니다. 구의 중심을 지나는, 원 모양의 절단면의 넓이는 πr^2이므로 구의 겉넓이는 이것의 정확히 4배라는 말입니다. 반구의 겉넓이로 말하자면 정확히 2배가 되는 것이지요.

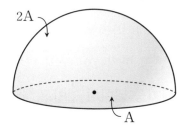

반구의 겉넓이는 구의 중심을 지나는 절단면 넓이의 2배이다.

더욱이 구에 외접하는 원기둥과 비교해 보면 신비한 사실을 하나 더 발견할 수 있습니다. 반지름 r인 구에 외접하는 원기둥은 밑면의 반지름이 r이고 높이가 $2r$이므로 그 겉넓이는 $6\pi r^2$이고 부피는 $2\pi r^3$입니다. 따라서 구의 겉넓이는 그 구에 외접하는 원기둥, 즉 밑면의 반지름이 구의 반지름과 같고 높이가 구의 지름과 같은 원기둥 넓이의 $\frac{2}{3}$이고, 구의 부피 역시 그 원기둥 부피의 $\frac{2}{3}$입니다. 구와 그 구에 외접하는 원기둥의 부피

비 그리고 넓이 비는 이렇게 단순한 값이며, 게다가 일치하는
값을 가지고 있다는 것이지요. 이것은 오직 수학의 눈으로만
발견할 수 있는 아름다움입니다. 나는 이 발견에 감탄하여 나
의 묘비에 구와 그 외접하는 원기둥이 그려진 그림을 그려 달
라고 부탁했습니다.

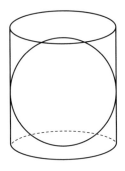

　오늘 수업에서 우리는 구의 겉넓이를 구했고, 그 과정에서 구의 겉넓이와 부피가 긴밀하게 관련되어 있다는 사실을 알았습니다. 하지만 사실 나의 설명은 다소 직관에 의존했습니다. 구의 중심을 꼭짓점으로 하는 그 뿔 모양 도형의 부피가 해당하는 뿔의 부피와 정말로 임의로 가까워질 수 있는지 등을 엄밀하게 보이지는 않았지요. 따라서 오늘 나의 설명은 엄밀한 증명이라기보다는 구의 넓이에 대한 공식을 발견하기 위한 과정이라고 할 수 있습니다. 원에 대한 설명도 사실은 마찬가지였습니다.

　하지만 구의 겉넓이에 대한 나의 엄밀한 증명, 그리고 원의 넓이와 둘레의 관계에 대한 엄밀한 증명은 다음 기회에 여러분에게 제시하기로 하고, 나의 수업은 이 정도로 마치고자 합니다.

 내가 수학적 사실들을 발견하고 증명하며 느꼈던 기쁨을 여러분도 함께 가지길 바랍니다. 이번 수업이 여러분이 그럴 수 있는 힘을 키우는 데 도움이 되었다면 기쁘겠습니다. 모두 그동안 수고했습니다.

❶ 구의 중심을 지나는 원 모양의 절단면의 넓이는 πr^2이므로 구의 겉넓이는 이것의 정확히 4배입니다.

❷ 구의 겉넓이는 그 구에 외접하는 원기둥, 즉 밑면의 반지름이 구의 반지름과 같고 높이가 구의 지름과 같은 원기둥 넓이의 $\frac{2}{3}$이고, 구의 부피 역시 그 원기둥 부피의 $\frac{2}{3}$입니다.

아르키메데스와 함께하는 쉬는 시간

무게중심의 공리계와 정리(1장 관련)

첫 번째 수업에서 무게중심의 공리계로부터 지레의 법칙 증명에 이르는 중간 단계의 정리는 생략했습니다. 여기에 그 정리들의 증명을 소개합니다. 참고로 이 내용은 나의 책《평면도형의 평형》에 들어 있습니다.

우선 공리 1, 2, 3을 다시 써 보면 다음과 같습니다.

공리 1

같은 두 무게가 받침점으로부터 같은 거리에 놓이면 평형을 이룬다. 같은 두 무게가 받침점으로부터 다른 거리에 놓이면 평형을 이루지 않으며, 받침점으로부터 거리가 먼 무게 쪽으로 기운다.

공리 2

두 무게가 평형을 이루고 있을 때, 어느 한쪽에 무게를 더하면 평형이 깨어지며 무게가 더해진 쪽으로 기운다.

공리 3

무게가 평형을 이루고 있을 때, 어느 한쪽의 무게를 덜어 내면 평형이 깨어지며, 아무것도 덜어 내지 않은 쪽으로 기운다.

이로부터 정리 ❶∼❺가 다음과 같이 증명됩니다. 첫 번째 시간에 소개했던 지레의 법칙은 바로《평면도형의 평형》에서 이 정리들에 이어 나오는 정리 ❻이었던 것입니다!

정리 ❶ 받침점으로부터 같은 거리에서 평형을 이루고 있는 두 물체의 무게는 같다.

　증명 : 같은 거리에서 평형을 이루고 있는 두 물체의 무게가 다르다고 가정하자. 더 무거운 쪽에서 두 무게의 차이만큼 덜어 내면 공리 3에 의해 평형이 깨어지는데, 그러면 같은 두 무게가 같은 거리에서 평형을 이루지 않게 되는 것이므로 공리 1에 모순이다. 따라서 같은 거리에서 평형을 이루고 있는 두 물체의 무게는 같아야

한다.

정리 ❷ 받침점으로부터 같은 거리에 있는 다른 무게는 평형을 이루지 않으며, 더 무거운 쪽으로 기운다.

증명 : 더 무거운 쪽에서 두 무게의 차이만큼 덜어 내면 공리 1에 의해 평형을 이룬다. 이제 그 무게를 다시 더하면 공리 2에 의해 더 무거운 쪽으로 기운다.

정리 ❸ 다른 두 무게는 받침점으로부터 다른 거리에서 평형을 이루며, 더 큰 무게 쪽의 거리가 더 짧다.

증명 : 점 A에 놓인 큰 무게 M과, 점 B에 놓인 작은 무게 N이 점 C에서 평형을 이루는데, $\overline{AC} \geq \overline{BC}$라고 가정하자. 이제 M−N만큼 M에서 덜어 내면 공리 3에 의해 B쪽으로 기울어야 하며, 이러면 모순이 발생한다. 공리 1에 의해 $\overline{AC}=\overline{BC}$라면 평형을 이루어야 하며, $\overline{AC}>\overline{BC}$라면 A쪽으로 기울어야 하기 때문이다. 따라서 $\overline{AC}<\overline{CB}$이다.

정리 ❹ 무게가 같은 두 물체 전체의 무게중심은 두 물체 각각의 무게중심을 연결한 선분의 중점이다.

증명 : 그렇지 않다면 공리 1에 모순이다.

정리 ❺ 짝수 개의 물체 각각의 무게중심이 한 직선을 따라서 일정한 간격으로 있고, 대칭인 위치의 두 물체끼리 무게가 같으면, 전체의 무게중심은 중앙에 있는 두 개의 물체의 무게중심을 연결한 선분의 중점이다.

증명 : 정리 ❹에 의해 양쪽의 서로 대칭인 위치의 각 쌍의 물체는 중앙에 있는 두 개의 물체의 무게중심을 연결한 선분의 중점에서 평형을 이룬다. 따라서 물체들 전체의 무게중심 역시 그 위치에 있어야 한다.

NEW 수학자가 들려주는 수학 이야기 30

아르키메데스가 들려주는 무게중심과 회전체 이야기

ⓒ 홍갑주, 2008

2판 1쇄 인쇄일 | 2025년 5월 23일
2판 1쇄 발행일 | 2025년 6월 9일

지은이 | 홍갑주
펴낸이 | 정은영
펴낸곳 | (주)자음과모음

출판등록 | 2001년 11월 28일 제2001-000259호
주소 | 10881 경기도 파주시 회동길 325-20
전화 | 편집부 (02)324-2347, 경영지원부 (02)325-6047
팩스 | 편집부 (02)324-2348, 경영지원부 (02)2648-1311
e-mail | jamoteen@jamobook.com

ISBN 978-89-544-5226-7 44410
      978-89-544-5196-3 (세트)